职场情景再现系列

动画技术·Flash CS4 商业创意情景案例教学

游　刚　编著

电子工业出版社·

Publishing House of Electronics Industry

北京·BEIJING

本书属于《职场情景再现系列》中的一本，读者可在清晰的应用情景中学习如何高效使用 Flash 完成自己所面临的每一个设计项目。具体涉及到 Adobe 最新版本的 Flash CS4 在网站片头动画、网络 banner、产品宣传片、课件、游戏、多媒体演示、公司网站等商业动画设计项目的实际应用，不仅能帮助读者熟练掌握 Flash 操作，更为重要的是使得读者明白了 Flash 的某一功能在什么时候使用最合适的问题。

本书特别为刚刚走出校门，虽具有一定的 Flash 操作基础，但缺乏商业动画的实际项目经验、职场变通技巧和就业竞争力的职场新人而作。同时对已经在职但由于版本升级的原因需要重新学习，或又需要提高动画设计能力的人员也有实践性指导意义，也是以实用性教育为宗旨、提倡"行动领域教学模式"的高职高专类学校动画设计专业和电脑设计培训班理想的实训教材。

图书在版编目（CIP）数据

动画技术·Flash CS4 商业创意情景案例教学 / 游刚编著.—北京：电子工业出版社，2009.5
（职场情景再现系列）

ISBN 978-7-121-08638-0

I. 动… Ⅱ.游… Ⅲ.动画—设计—图形软件，Flash Ⅳ.TP391.41

中国版本图书馆 CIP 数据核字（2009）第 057046 号

责任编辑：李红玉
特约编辑：卢国俊
印　　刷：北京天竺颖华印刷厂
装　　订：三河市鑫金马印装有限公司
出版发行：电子工业出版社
　　　　　北京市海淀区万寿路 173 信箱　邮编：100036
　　　　　北京市海淀区翠微东里甲 2 号　邮编：100036
开　　本：787×1092　1/16　印张：21　字数：530 千字
印　　次：2009 年 5 月第 1 次印刷
定　　价：38.00 元

前言

金融危机已成定局，就业压力陡增，失业威胁暗涌，职场瞬间变得风声鹤唳！在这种情势下，我们如何应对？

不错，学习。

身处现代职场，我们任何时候都应该审时度势，通过快速充电的方式提高自己的实践力、就业力、竞争力。这更是金融风暴袭来时的"过冬"良策。

为了能够选择适合自己的充电资料，你应该首先来审视一下自己：

你是否即将毕业，或是职场新人？或者是已在职多年，但感觉自身能力确实越来越不能适应目前的职位要求？

在目前频频传来企业裁员消息的形势下，你却幸运地获得了面试机会。但是否被一些与实际工作经验相关的问题问得哑口无言？

当你怀着充电的决心购买了一些职业 IT 技能书籍，是否发现在学完之后，却仍旧在面对工作任务时不知如何运用？

如果，你对这几个问题持肯定的回答，那么，你可能真的需要本书！

《职场情景再现系列》在编写模式上的革新

强调计算机应用技能的合理性，创新的内容组织模式令人耳目一新。力求模拟实践力，营造就业力，提高竞争力。

旧有的计算机书籍在编写方式上习惯于单纯讲解软件操作方法，没有站在实际工作岗位的角度去探究哪种技术、哪个功能更适合我们所面对的典型的工作任务。从而导致学无以致用或难以致用的问题。

针对这一问题，本丛书采用创新编写模式，兼顾"职场素质、IT 技能、情景设定"三个层面，形成了非常鲜明的特色：

（1）提供一个职场空间，将 IT 应用案例置于现实的工作情景中，教给读者如何利用掌握的计算机技能应对瞬息万变的工作任务。

（2）选例精良，再现了常见的典型工作情景。虽然丛书的每个案例均是实际工作中经常需要面对的典型问题，但处理这些问题所涉及的具体技术细节和职业变通技能却是大多数没有工作经验的读者根本想象不到的。

（3）创新地解决了讲解软件新版本时不能兼顾仍然使用旧版本用户的通病：置于情景中的案例使用新版本实现，然后以"拓展训练"的方式，提供使用旧版本完成类似任务的操作对比，在一本书中对新旧版本软件进行有效的比较，帮助读者更加深入地认识新版本。

关于本书

本书针对目前动画制作技术的翘楚——Adobe Flash CS4，特别为热衷于商业动画设计工作的读者量身定制。具体涉及网站片头动画、网络 banner、产品宣传片、课件、游戏、多媒体演示、公司网站等实际案例，具有非常典型的指导意义。

从结构上看，本书采用创新的编写模式，通过不同的环节突出职业情景和案例分析，弥补了单一软件操作步骤的讲解在就业、工作指导性上的不足。

"情景再现"：在每个案例开始之前先将读者置身于一个真实的、极具空间感和时间感的企业日常工作情景中，使后面的软件操作讲解完全服务于该情景所描述的目标。这样，将读者学习目标转化为亲身参与的动力，避免学习过程中不假思索地盲从于操作步骤。

"任务分析"：从上一环节的情景描述中提炼出所接受任务的动画类型、不同时期的制作目的以及客户要求，然后以此为驱动，从最根本的目的出发，进行设计理念和构思上的分析，使设计目标更加清晰。

"流程设计"：对上一环节中设计构思的细化，整理出要完成任务的大体思路，即先完成什么、再完成什么，最后达到什么效果。

"任务实现"：具体讲解使用 Flash CS4 进行操作的步骤，其中的制作说明和应用技巧都是作者多年设计经验的高度结晶。

"知识点总结"：总结任务实现过程中所用到的 Flash CS4 的重要（主要）知识点以及操作中容易出现的问题。这是任何学习过程中都必需的回顾环节，可以让读者在回顾的过程中更加清晰地理出 Flash CS4 的功能脉络。

"拓展训练"：一个写法上的创新性设计——为了兼顾仍旧使用 Flash CS4 之前的版本的用户，特意给出使用旧版 Flash CS3 完成一个类似的动画设计项目的关键步骤，以对比新旧版本在功能和易用性、工作效率上的不同，从而进一步加深对新版本知识点的掌握。

"职业快餐"：讲解一些与案例相关的 Flash 操作技能之外的项目知识、行业标准、设计理念等，从而能够丰富读者的行业知识，提高职业素养。

本书特别为刚刚走出校门，虽具有一定的 Flash 操作基础，但缺乏实际的商业动画项目设计经验、职场变通技巧和就业竞争力的职场新人而作。同时对已经在职但由于版本升级的原因需要重新学习，或需要提高设计能力的人员也具有实践性指导意义，也是以实用性教育为宗旨、提倡"行动领域教学模式"的高职高专类学校动画设计专业和相关培训班理想的实训教材。

致谢

本书由卢国俊全程策划，并得到资深 IT 出版策划人莫亚柏的很多建设性意见，最后由游刚主笔，张磊、周小船、杨仁毅、汪仕、罗韬、荣青、石云、窦鸿、张洁、段丁友、任飞、王阳、黄成勇、张昭、胡乔等也为本书的出版付出了大量的劳动，对此表示深深的谢意。另外，在本书的策划和编写过程中，得到了北京美迪亚电子信息有限公司各位老师以及成都意聚扬帆科技有限公司的大力支持，在此一并表示感谢。

目 录

案例 1

网站片头动画

素材路径：源文件与素材\案例 1\素材

源文件路径：源文件与素材\案例 1\源文件\网站片头.fla

情景再现

这天早上刚到公司，把电脑打开，把茶泡上，正想先收邮件，就听见有人推门进来，回头一看，原来是业务部的小李，只见小李一把握住我的手说："大刘啊，这次又来叫你加东西了，呵呵，真是麻烦你了。"还对我像电视里武打片那样抱了抱他那小拳头。

我对小李说："哈哈，看你说的，有什么事情你说吧。"小李说："是这样的，前段时间不是接了一个单子给家园房屋中介做网站吗？"我一听心里咯噔一

下，难道出了什么问题？"他们看了觉得做的很好，只是他们想在网站开头加一个片头动画，主要是他们觉得现在这个很流行，很多公司网站都有，所以他们也想加一个。"

"哦，就这事是吧，我还当什么大事呢，放心交给我吧，一定为客户把效果做到最好。"

任务分析

● 网站片头一般只是起一个引导和展示的作用，其本身并不包含太大的信息量，在其中出现的图片及文字一般都要遵循简洁明了的特点，以便使观者直观地认识到所要进入网站的一些信息，并通过这些信息来加深观者对此站点的印象。

● 网站片头要短小精悍，其时间大约只有几十秒，但在这短短的时间之内就要表现出网站的精华所在，使浏览者对网站有一个大体的印象和认识即可，如果时间太长会引起浏览者的疲倦，从而失去等待的耐心。

● 在网站片头中最好加上一个跳转到网站内页的按钮，这样方便一些不想观看网站片头，需要直接进入网站查找信息的浏览者，容易引起他们的好感。

流程设计

首先设置动画背景并制作进度条，再创建场景2，制作进入网站的按钮元件；然后完善场景；最后保存文档并测试动画。

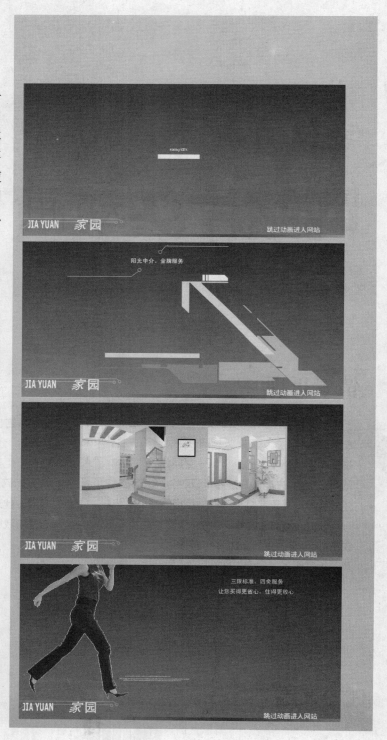

任务实现

制作进度条

（1）运行 Flash CS4，新建一个 Flash 空白文档。执行"修改→文档"命令，打开"文档属性"对话框，将"尺寸"设置为 778 像素（宽）×390 像素（高），"背景颜色"设置为灰色（#666666），如图 1-1 所示。设置完成后单击"确定"按钮。

图 1-1　"文档属性"对话框

（2）执行"文件→导入→导入到舞台"命令，将一幅背景图像导入到舞台中，如图 1-2 所示。

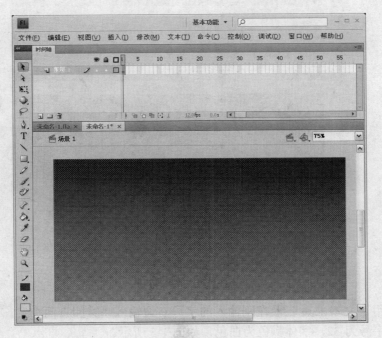

图 1-2　导入图像

（3）新建一个"图层 2"，使用"线条工具" 与"椭圆工具" 在舞台中绘制出如图 1-3 所示的图形。

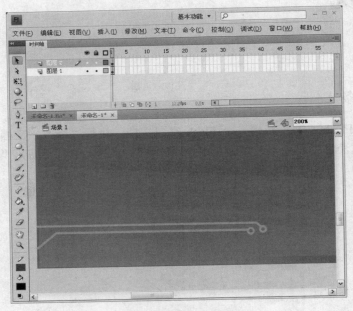

图 1-3 绘制图形

（4）再新建一个"图层 3"，使用"文本工具" 在舞台上输入文字"JIA YUAN"，字体选择"Verdana"，字号为 16，字体颜色为白色，如图 1-4 所示。

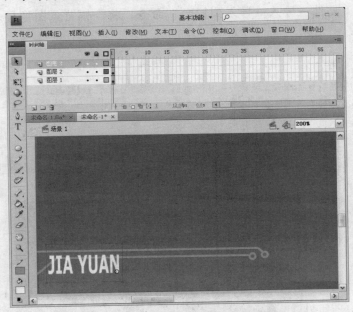

图 1-4 输入文字

（5）使用"文本工具" 在刚输入的字母右边输入"家园"两个字。字体选择"方正黑体简体"，字号为 32，字体颜色为白色，如图 1-5 所示。

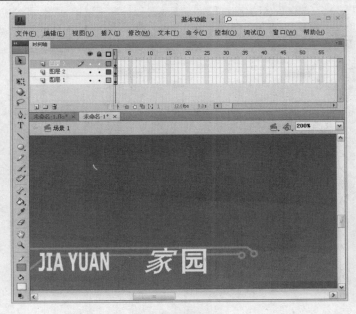

图 1-5　输入文字

（6）执行"插入→新建元件"命令，或者按下 Ctrl+F8 组合键，打开"创建新元件"对话框，在"名称"文本框中输入"进度条"，在"类型"下拉列表中选择"影片剪辑"选项，如图 1-6 所示。完成后单击"确定"按钮进入影片剪辑编辑区。

（7）使用"矩形工具"▭在编辑区中绘制一个边框为灰色（#CCCCCC）、填充色为白色、宽和高分别为 100 像素与 10 像素的矩形。然后在时间轴上的第 100 帧处插入帧，如图 1-7 所示。

图 1-6　"创建新元件"对话框　　　　图 1-7　绘制矩形

（8）选中矩形中的填充色，单击鼠标右键，在弹出的菜单中选择"剪切"命令。然后新建一个图层，在舞台的空白处单击鼠标右键，在弹出的菜单中选择"粘贴到当前位置"命令。完成后在"图层 2"的第 100 帧处插入关键帧，如图 1-8 所示。

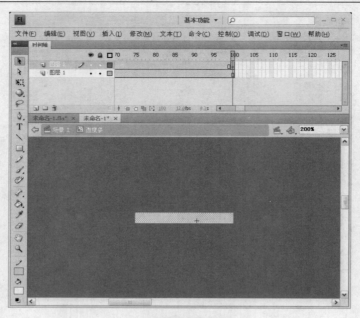

图 1-8　插入关键帧

（9）选中"图层 2"第 1 帧中的内容，在"属性"面板中将它的宽度设置为 1 像素。然后选中第 1 帧，单击鼠标右键，在弹出的快捷菜单中选择"创建补间形状"命令，如图 1-9 所示。即可在第 1 帧与第 100 帧之间创建形状补间动画。

图 1-9　选择"创建补间形状"命令

制作 loading

（1）回到主场景，新建一个图层，并把它命名为"进度条"。从"库"面板里将影片剪辑"进度条"拖入到舞台上。然后在"属性"面板中把它的实例名设置为"进度条"，如图 1-10 所示。

（2）选择"文本工具"**T**，在"属性"面板上的"文本工具"下拉列表中选择"动态文本"选项，如图 1-11 所示。

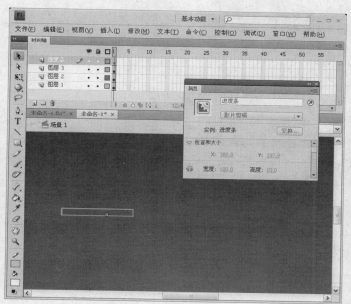

图 1-10　设置实例名　　　　　　　　　　图 1-11　"属性"面板

（3）在"进度条"上方单击鼠标左键创建一个动态文本框[1]，然后在"属性"面板中将动态文本框的变量名设置为"loadtxt"，如图 1-12 所示。

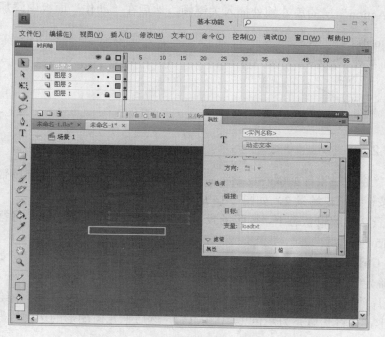

图 1-12　设置变量名

---

[1]动态文本可以被赋予一定的变量值，能结合 ActionScript 使用，产生丰富的交互功能。

（4）新建一个图层，并把它命名为"Action"。选中该层的第 1 帧，在"属性"面板中将帧标签设置为"play"，如图 1-13 所示。

图 1-13　设置帧标签

（5）选择"Action"层的第 1 帧，执行"窗口→其他面板→动作"命令，打开"动作"面板，在"动作"面板中输入如下代码：

```
total = _root.getBytesTotal();
loaded = _root.getBytesLoaded();
load = int(loaded/total*100);
loadtxt = "loading"+load+"%";
_root.进度条.gotoAndStop(load);
```

（6）在"Action"层的第 6 帧处插入关键帧，然后在"动作"面板中添加如下代码：

```
if (loaded == total) {
gotoAndPlay("场景 2", 1);
} else {
gotoAndPlay("play");
}
```

创建场景 2

（1）执行"窗口→设计面板→场景"命令，打开"场景"面板，在"场景"面板中单击"添加场景"按钮□新建场景 2，如图 1-14 所示。

（2）在场景 2 的编辑状态下，按照场景 1 中制作背景和文字的方法，将背景与文字制作出来，如图 1-15 所示。

（3）按下 Ctrl+F8 组合键，新建一个影片剪辑，在名称栏中输入"a1"，如图 1-16 所示。完成后单击"确定"按钮。

（4）在影片剪辑"a1"的编辑状态下，使用"线条工具"＼在工作区中绘制出如图 1-17 所示的几何图形，并将其填充为灰色（#B5B5B5），然后把几何图形的边框线删除。最后在时间轴上的第 20 帧处插入帧。

（5）新建一个图层，使用"矩形工具"□在几何图形的下方绘制一个无边框、填充色为任意色、宽和高分别为 411 像素与 4 像素的矩形，如图 1-18 所示。

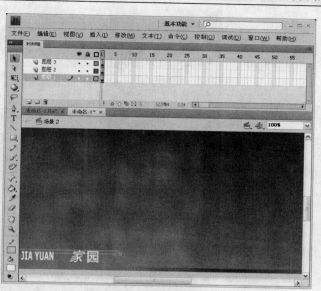

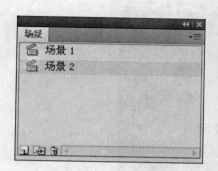

图1-14 "场景"面板

图1-15 制作背景与文字

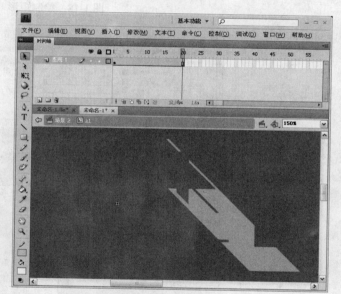

图1-16 新建影片剪辑

图1-17 绘制图形

（6）在"图层2"的第4帧处与第10帧处插入关键帧。然后选中第4帧处的矩形，使用"任意变形工具"▦▦将其高度拉伸至164像素，选中第10帧处的矩形，使用"任意变形工具"▦▦将其高度拉伸至207像素，如图1-19所示。

（7）分别在"图层2"的第1帧与第4帧之间、第4帧与第10帧之间创建形状补间动画，如图1-20所示。

（8）选中"图层2"，单击鼠标右键，在弹出的菜单中选择"遮罩层"命令，如图1-21所示。

（9）新建一个图层，并在该层的第6帧处插入关键帧。然后使用"线条工具"╲在工作区中绘制出如图1-22所示的几何图形，并将其填充为灰色（#AAAAAA）。最后把几何图形的边框线删除。

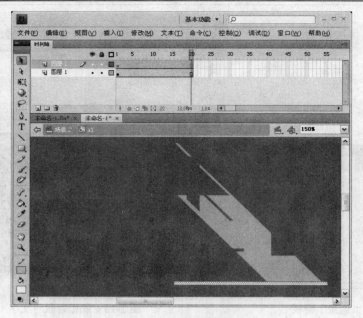

图 1-18　绘制矩形

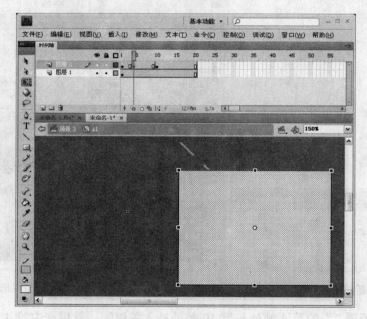

图 1-19　拉伸矩形

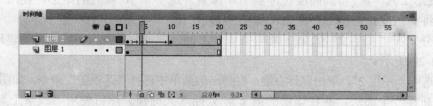

图 1-20　创建形状补间动画

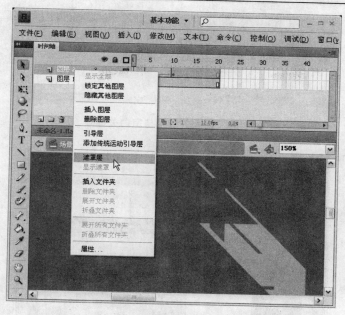

图 1-21 选择"遮罩层"命令

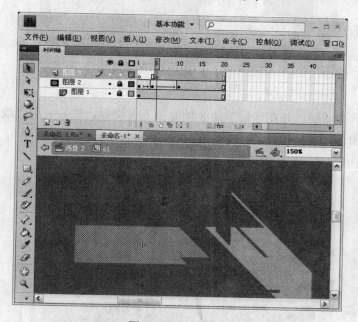

图 1-22 绘制图形

（10）选中"图层 3"第 6 帧处的几何图形，按下 F8 键将其转换为图形元件，图形元件的名称保持默认。完成后在"图层 3"的第 10 帧、第 12 帧、第 14 帧与第 18 帧处插入关键帧，在第 11 帧与第 13 帧处插入空白关键帧，如图 1-23 所示。

（11）选中"图层 3"第 6 帧处的几何图形，在"属性"面板中将它的 Alpha 值设置为 0%，选中第 10 帧、第 12 帧与第 14 帧处的几何图形，分别在"属性"面板中把它们的亮度值设置为 100%。然后在这些关键帧之间创建补间动画，如图 1-24 所示。

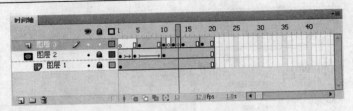

图 1-23　插入关键帧与空白关键帧

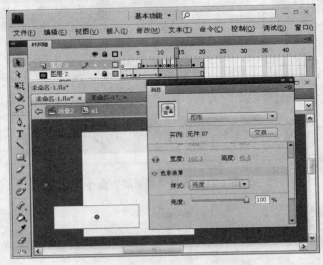

图 1-24　创建补间动画

（12）新建一个图层，并在该层的第 8 帧处插入关键帧。然后使用"线条工具" \ 在工作区中绘制出如图 1-25 所示的几何图形，并将其填充为灰色（#7A7A7A）。最后，把几何图形的边框线删除。

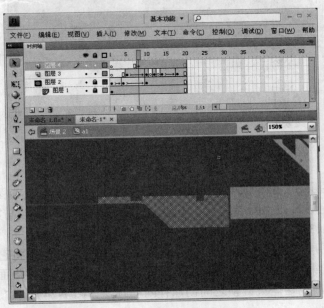

图 1-25　绘制图形

（13）选中"图层 4"第 8 帧处的几何图形，按 F8 键将其转换为图形元件，名称保持默认。完成后在"图层 4"的第 12 帧、第 14 帧、第 16 帧与第 20 帧处插入关键帧，在第 13 帧与第 15 帧处插入空白关键帧，如图 1-26 所示。

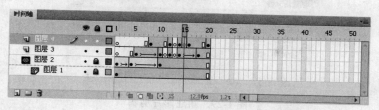

图 1-26　插入关键帧与空白关键帧

（14）选中"图层 4"第 8 帧处的几何图形，在"属性"面板①中将它的 Alpha 值设置为 0%，选中第 12 帧、第 14 帧与第 15 帧处的几何图形，分别在"属性"面板中把它们的亮度值设置为 100%。然后在这些关键帧之间创建补间动画，如图 1-27 所示。

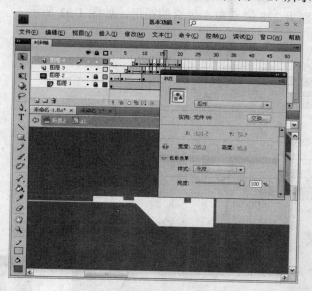

图 1-27　"属性"面板

（15）选中"图层 4"的第 20 帧，在"动作"面板中添加代码："stop();"。

（16）回到场景 2，新建一个"图层 4"，从"库"面板里将影片剪辑"a1"拖入到舞台上，并在该层的第 113 帧处插入帧。然后在"图层 1"、"图层 2"与"图层 3"的第 605 帧处插入帧，如图 1-28 所示。

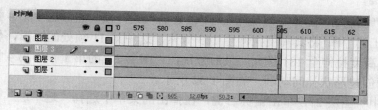

图 1-28　插入帧

①在 Flash CS4 中，"属性"面板变成了悬浮式的，方便用户的操作。

（17）按 **Ctrl+F8** 组合键，新建一个影片剪辑，在名称栏中输入"a2"，如图 1-29 所示。完成后单击"确定"按钮。

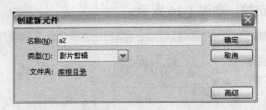

图 1-29　新建影片剪辑

（18）在影片剪辑"a2"的编辑状态下，使用"线条工具" 🖊 在工作区中绘制出如图 1-2 所示的几何图形，并将其填充为灰色（#DCDCDC），然后把几何图形的边框线删除。最后在时间轴上的第 11 帧处插入帧，如图 1-30 所示。

（19）新建一个图层，使用"矩形工具" ▢ 在几何图形的下方绘制一个无边框、填充色为任意色、宽和高分别为 228 像素与 5 像素的矩形，如图 1-31 所示。

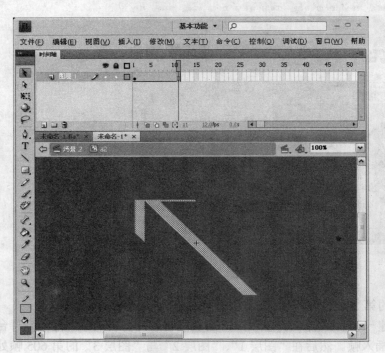

图 1-30　绘制图形

图 1-31　绘制矩形

（20）在"图层 2"的第 4 帧处与第 11 帧处插入关键帧。然后选中第 4 帧处的矩形，使用"任意变形工具" ▦ 将其高度拉伸至 163 像素，选中第 11 帧处的矩形，使用"任意变形工具" ▦ 将其高度拉伸至 181 像素。最后分别在"图层 2"的第 1 帧与第 4 帧之间、第 4 帧与第 11 帧之间创建形状补间动画，如图 1-32 所示。

（21）选中"图层 2"，单击鼠标右键，在弹出的菜单中选择"遮罩层"命令。完成后新建一个图层，并在该层的第 7 帧处插入关键帧。然后使用"线条工具" 🖊 在工作区中绘制出如图 1-33 所示的几何图形，并将其填充为白色。最后把几何图形的边框线删除。

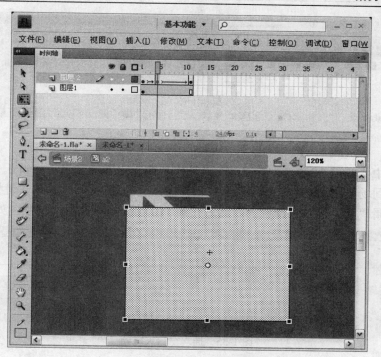

图 1-32　创建形状补间动画

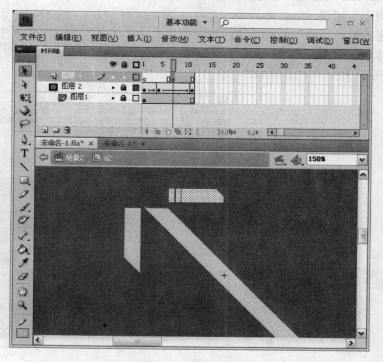

图 1-33　绘制图形

（22）在"图层 3"的第 9 帧与第 11 帧处插入关键帧，在第 8 帧与第 10 帧处插入空白关键帧，如图 1-34 所示。

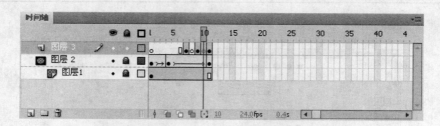

图 1-34　插入关键帧与空白关键帧

（23）选中"图层 3"的第 11 帧，在"动作"面板中添加代码：stop();。

（24）回到场景 2，新建一个"图层 5"，并在该层的第 14 帧处插入关键帧。从"库"面板里将影片剪辑"a2"拖入到舞台上，然后在第 110 帧处插入空白关键帧，如图 1-35 所示。

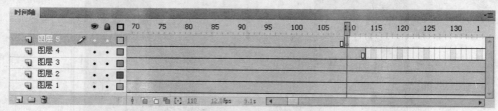

图 1-35　插入空白关键帧

（25）按 Ctrl+F8 组合键，新建一个影片剪辑，在名称栏中输入"a3"，如图 1-36 所示。完成后单击"确定"按钮。

（26）在影片剪辑"a3"的编辑状态下，使用"文本工具" **T** 在工作区中随意输入大量英文字母，字体选择"Arial"，字号为 3，颜色为白色。完成后在时间轴上的第 10 帧处插入帧，如图 1-37 所示。

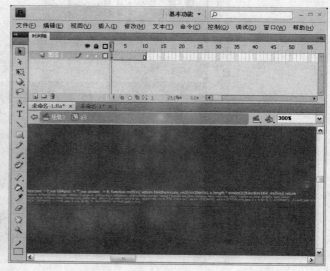

图 1-36　新建影片剪辑　　　　　　　　　　　图 1-37　输入字母

（27）新建一个图层，使用"矩形工具" ■ 在字母的左方绘制一个无边框、填充色为任意色、宽和高分别为 1 像素与 12 像素的矩形，如图 1-38 所示。

var hexcase = 0;var b64pad = "";var strsize
binl2b64(core_md5(str2binl(s), s.length * strsize));}function str_md5(s
binl2str(core_hmac_md5(key, data)); }function core_md5(x, len){ x[le
c, x[i+10], 9 , 38016083); c = md5_gg(c, d, a, b, x[i+15], 14, -6604

图 1-38 绘制矩形

（28）在"图层 2"的第 4 帧处与第 10 帧处插入关键帧。然后选中第 4 帧处的矩形，使用"任意变形工具"  将其宽度拉伸至 200 像素，选中第 10 帧处的矩形，使用"任意变形工具"将其宽度拉伸至 226 像素。最后分别在"图层 2"的第 1 帧与第 4 帧之间、第 4 帧与第 10 帧之间创建形状补间动画，如图 1-39 所示。

（29）选中"图层 2"，单击鼠标右键，在弹出的菜单中选择"遮罩层"命令，如图 1-40 所示。

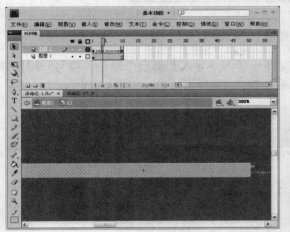

图 1-39　创建形状补间动画　　　　　　图 1-40　选择"遮罩层"命令

（30）选中"图层 2"的第 10 帧，在"动作"面板中添加代码："stop();"。

（31）回到场景 2，新建一个"图层 6"，并在该层的第 23 帧处插入关键帧，从"库"面板里将影片剪辑"a3"拖入到舞台上，然后在第 110 帧处插入空白关键帧，如图 1-41 所示。

（32）按 Ctrl+F8 组合键，新建一个影片剪辑，在名称栏中输入"a4"，如图 1-42 所示。完成后单击"确定"按钮。

图 1-41　插入空白关键帧　　　　　　　图 1-42　新建影片剪辑

（33）在影片剪辑"a4"的编辑状态下，执行"文件→导入→导入到舞台"命令，将一幅图像导入到舞台中，如图 1-43 所示。

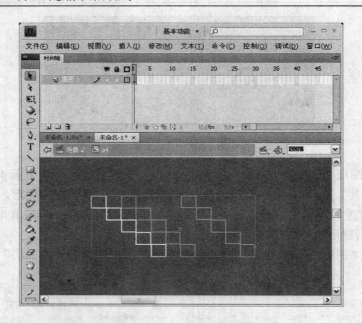

图 1-43　在"图层 1"导入图像

（34）新建一个"图层 2"，再次执行"文件→导入→导入到舞台"命令，将另一幅图像导入到舞台中，并将其移动到如图 1-44 所示的位置。

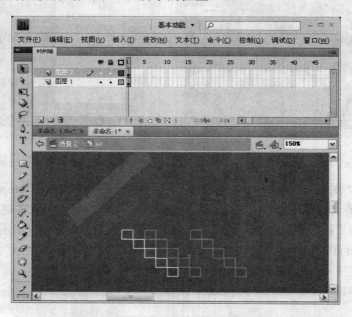

图 1-44　在"图层 2"导入图像

（35）在"图层 1"的第 27 帧处插入帧，在"图层 2"的第 27 帧处插入关键帧。然后选中"图层 2"的第 27 帧处的内容，把它移动到如图 1-50 所示的位置。最后在"图层 2"的第 1 帧与第 27 帧之间创建补间动画，如图 1-45 所示。

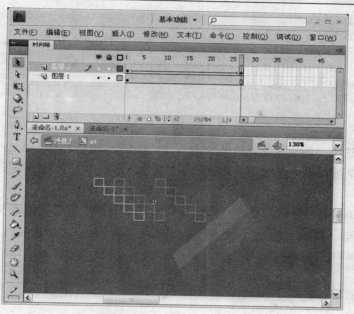

图 1-45　移动图形

（36）选中"图层 2"，单击鼠标右键，在弹出的菜单中选择"遮罩层"命令。完成后回到场景 2，新建一个"图层 7"，并在该层的第 40 帧处插入关键帧。从"库"面板里将影片剪辑"a4"拖入到舞台上，然后在第 50 帧处插入空白关键帧，如图 1-46 所示。

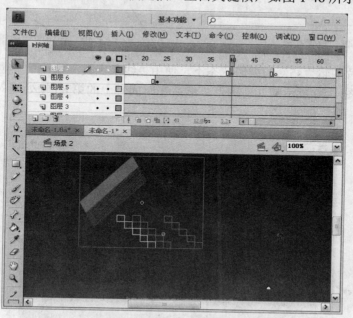

图 1-46　拖入影片剪辑

（37）选中场景 2 中的"图层 1"，在第 58 帧处插入关键帧。然后选中该帧中的内容，按 F8 键，将其转换为图形元件，名称保持默认。最后在"图层 1"的第 60 帧、第 76 帧、第 78 帧、第 121 帧、第 123 帧、第 269 帧、第 271 帧、第 303 帧、第 305 帧、第 360 帧、第 362 帧、第 407 帧、第 409 帧、第 437 帧与第 439 帧处插入关键帧，如图 1-47 所示。

图 1-47 插入关键帧

（38）分别选中"图层 1"上的第 58 帧、第 76 帧、第 121 帧、第 269 帧、第 303 帧、第 360 帧、第 407 帧与第 437 帧中的内容，在"属性"面板中把它们的亮度值都设置为 34%，如图 1-48 所示。

（39）按 Ctrl+F8 组合键，新建一个影片剪辑，在名称栏中输入"a5"，如图 1-49 所示。完成后单击"确定"按钮。

图 1-48 设置亮度

图 1-49 新建影片剪辑

（40）在影片剪辑"a5"的编辑状态下，使用"线条工具" 与"椭圆工具" 在工作区中绘制一个如图 1-50 所示的几何图形。然后在时间轴上的第 85 帧处插入帧。

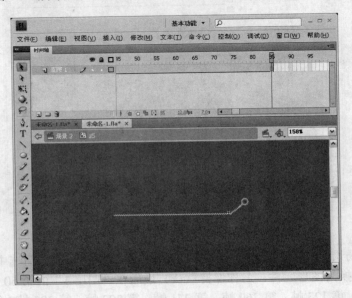

图 1-50 绘制图形

（41）新建一个图层，使用"矩形工具" 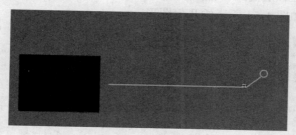 在几何图形的左侧绘制一个无边框、填充色为任意色的矩形，如图 1-51 所示。

图 1-51　绘制矩形

（42）在"图层 2"的第 15 帧处插入关键帧，使用"任意变形工具"将该帧处的矩形放大至刚好把几何图形完全遮住，如图 1-52 所示。然后在"图层 2"的第 1 帧与第 15 帧之间创建形状补间动画。

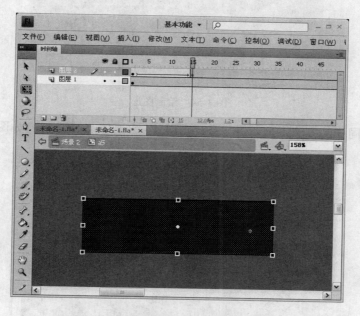

图 1-52　放大矩形

（43）在"图层 1"的第 15 帧、第 17 帧、第 19 帧、第 21 帧、第 23 帧、第 25 帧、第 27 帧、第 29 帧与第 31 帧处插入关键帧，在第 16 帧、第 18 帧、第 20 帧、第 22 帧、第 24 帧、第 26 帧、第 28 帧与第 30 帧处插入空白关键帧，如图 1-53 所示。

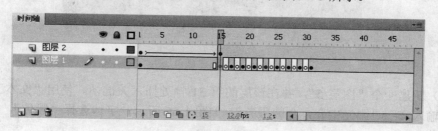

图 1-53　插入关键帧与空白关键帧

（44）选中"图层 2"，单击鼠标右键，在弹出的菜单中选择"遮罩层"命令。完成后新建一个"图层 3"，并在该层的第 6 帧处插入关键帧。使用"线条工具"╲与"椭圆工具"◯在工作区中绘制一个如图 1-54 所示的几何图形。

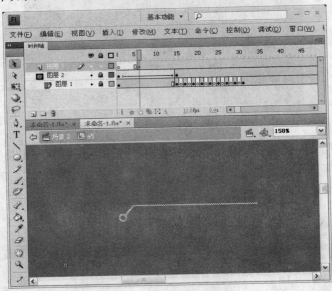

图 1-54　绘制图形

（45）按照同样的方法，再新建一个"图层 4"来遮罩"图层 3" 如图 1-55 所示。

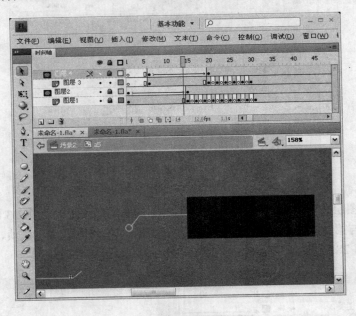

图 1-55　创建遮罩层

（46）新建一个"图层 5"，并在该层的第 31 帧处插入关键帧。使用"文本工具"**T**在工作区中输入文字"阳光中介，金牌服务"，如图 1-56 所示。字体选择"黑体"，字号为 14，颜色为白色。

（47）再新建一个"图层 6"，并在该层的第 31 帧处插入关键帧。使用"矩形工具" 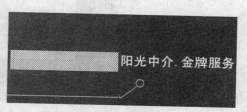 在文字的左侧绘制一个无边框、填充色为任意色的矩形，如图 1-57 所示。

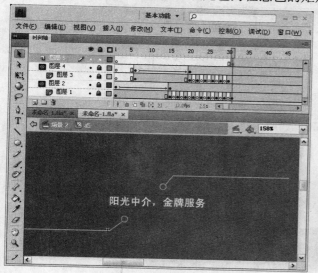

图 1-56　输入文字

图 1-57　绘制矩形

（48）在"图层 6"的第 36 帧处插入关键帧，将该帧处的矩形向右移动到刚好把文字完全遮住，如图 1-58 所示。然后在"图层 6"的第 31 帧与第 36 帧之间创建形状补间动画。

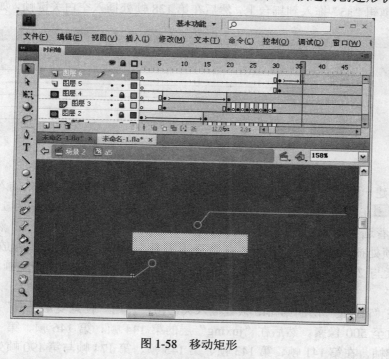

图 1-58　移动矩形

（49）在"图层 5"的第 42～65 帧处插入关键帧，然后使用键盘上的方向键依次将这些关键帧中的文字向上、向下、向左、向右移动一个像素。最后选中"图层 6"，单击鼠标右键，在弹出的菜单中选择"遮罩层"命令，如图 1-59 所示。

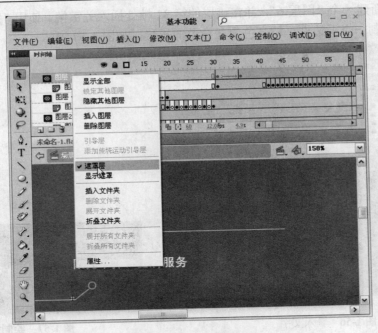

图 1-59　选择"遮罩层"命令

（50）回到场景 2，新建一个图层"xian1"，并在该层的第 53 帧处插入关键帧。从"库"面板里将影片剪辑"a5"拖入到舞台上，然后在第 138 帧处插入空白关键帧，如图 1-60 所示。

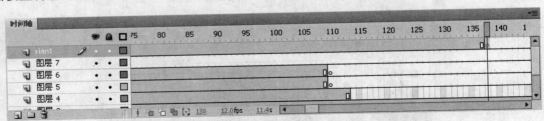

图 1-60　插入关键帧与空白关键帧

（51）新建一个图层，并把它命名为"juxing"，在该层的第 135 帧处插入关键帧。使用"矩形工具"▢在舞台中绘制一个无边框、填充色为灰色、宽和高分别为 1 像素与 146 像素的矩形。接着选中矩形，按 F8 键，将其转换为图形元件，名称保持默认。然后在"juxing"层的第 140 帧处插入关键帧，使用"任意变形工具"▨将该帧处的矩形放大至宽和高分别为 778 像素与 200 像素。最后在第 135 帧与第 140 帧之间创建补间动画，如图 1-61 所示。

（52）在"juxing"层的第 142 帧处插入关键帧，使用"任意变形工具"▨将该帧处的矩形宽度缩放至 500 像素。然后在"juxing"层的第 144 帧、第 146 帧、第 173 帧与第 175 帧处插入关键帧，在第 141 帧、第 143 帧、第 145 帧、第 174 帧与第 190 帧处插入空白关键帧，如图 1-62 所示。

（53）按 Ctrl+F8 组合键，新建一个影片剪辑，在名称栏中输入"a6"，如图 1-63 所示。完成后单击"确定"按钮。

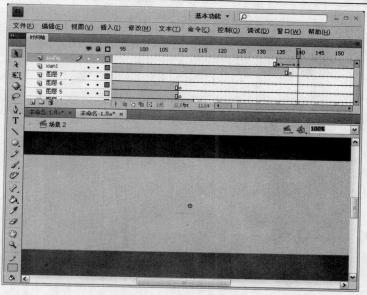

图 1-61　创建补间动画

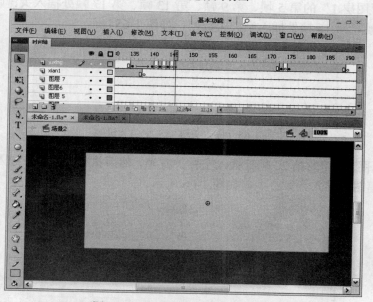

图 1-62　插入关键帧与空白关键帧

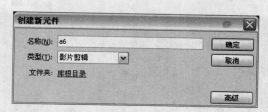

图 1-63　新建影片剪辑

（54）在影片剪辑"a6"的编辑状态下，执行"文件→导入→导入到舞台"命令，将一幅图像导入到舞台中，如图 1-64 所示。

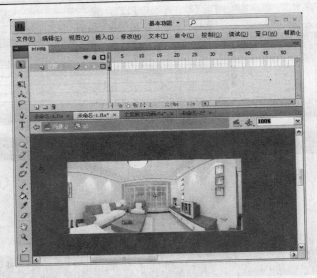

图 1-64　导入图像

（55）在"图层 1"的第 5 帧、第 9 帧、第 13 帧、第 17 帧处插入关键帧，在第 3 帧、第 7 帧、第 11 帧、第 15 帧处插入空白关键帧，如图 1-65 所示。

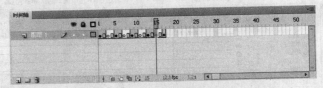

图 1-65　插入关键帧与空白关键帧

（56）在"图层 1"的第 20 帧处插入空白关键帧，然后执行"文件→导入→导入到舞台"命令，将另一幅图像导入到舞台中，如图 1-66 所示。

图 1-66　在第 20 帧导入图像

（57）在"图层 1"的第 24 帧、第 28 帧、第 32 帧、第 36 帧处插入关键帧，在第 22 帧、第 26 帧、第 30 帧、第 34 帧处插入空白关键帧，如图 1-67 所示。

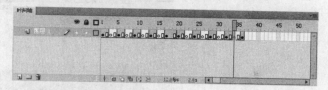

图 1-67　插入关键帧与空白关键帧

（58）回到场景 2，新建一个图层"jiaju"，在该层的第 147 帧处插入关键帧。从"库"面板里将影片剪辑"a6"拖入到舞台中的矩形上，然后在"jiaju"层的第 190 帧处插入空白关键帧，如图 1-68 所示。

（59）新建一个图层，并把它命名为"nvhai"，在该层的第 194 帧处插入关键帧，然后执行"文件→导入→导入到舞台"命令，将一幅女孩图像导入到舞台中，如图 1-69 所示。

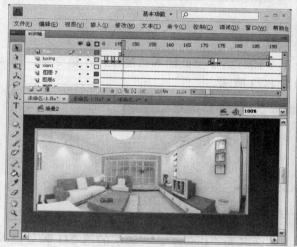

图 1-68　拖入影片剪辑

图 1-69　导入图像

（60）选中女孩图片，按 F8 键，将其转换为图形元件，名称保持默认。然后在"nvhai"层的第 203 帧、第 206 帧、第 209 帧、第 211 帧与第 212 帧处插入关键帧，如图 1-70 所示。

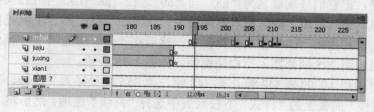

图 1-70　插入关键帧

（61）按 Ctrl+F8 组合键，新建一个影片剪辑，在"名称"文本框中输入"a7"，如图 1-71 所示。完成后单击"确定"按钮。

（62）在影片剪辑"a7"的编辑状态下，使用"文本工具"T在工作区中随意输入大量英文字母，字体选择"Arial"，字号为 3，颜色为白色，如图 1-72 所示。

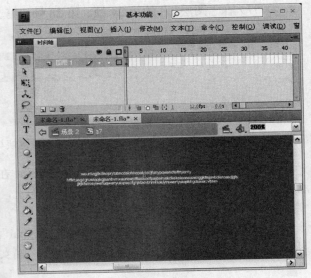

图 1-72　输入字母

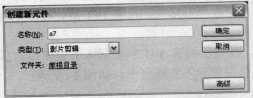

图 1-71　新建影片剪辑

（63）在时间轴上的第 3 帧、第 5 帧、第 7 帧与第 9 帧处插入关键帧，在第 2 帧、第 4 帧、第 6 帧与第 8 帧处插入空白关键帧，如图 1-73 所示。

图 1-73　插入关键帧与空白关键帧

（64）回到场景 2，新建一个图层，并把它命名为 "shanzi"。在该层的第 211 帧处插入关键帧。从 "库" 面板里将影片剪辑 "a7" 拖入到舞台上女孩的右下角，如图 1-74 所示。然后在第 295 帧处插入空白关键帧。

（65）按照影片剪辑 "a5" 的制作方法，再新建两个影片剪辑 "a8" 与 "a9"。在场景 2 中新建两个图层，把它们分别命名为 "a8" 与 "a9"。在 "a8" 层的第 212 帧处插入关键帧，从 "库" 面板里将影片剪辑 "a8" 拖入到舞台中。在 "a9" 层的第 241 帧处插入关键帧，从 "库" 面板里将影片剪辑 "a9" 拖入到舞台中。然后在 "a8" 层的第 280 帧处插入空白关键帧，在 "a9" 层的第 295 帧处插入空白关键帧，如图 1-75 所示。

（66）在 "图层 1" 的第 342 帧、第 348 帧与第 355 帧处插入关键帧，选中第 348 帧中的内容，在 "属性" 面板上的 "样式" 下拉列表中选择 "高级" 选项，然后将 "Alpha"、"红"、"绿" 都设置为 "100%"，如图 1-76 所示。

（67）分别在 "图层 1" 的第 342 帧与第 348 帧之间，第 348 帧与第 355 帧之间创建补间动画，如图 1-77 所示。

（68）按 **Ctrl+F8** 组合键，新建一个影片剪辑，在 "名称" 文本框中输入 "a10"，如图 1-78 所示。完成后单击 "确定" 按钮。

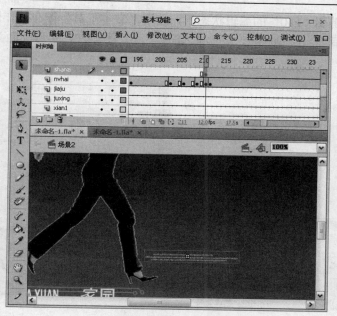

图 1-74　拖入影片剪辑

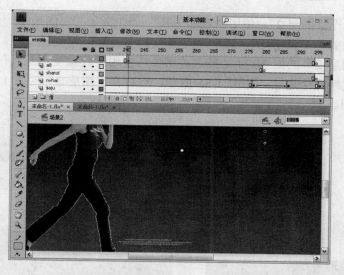

图 1-75　插入关键帧与空白关键帧

图 1-76　"属性"面板

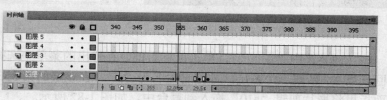

图 1-77　创建补间动画

（69）在影片剪辑"a10"的编辑状态下，使用"文本工具" **T** 在工作区中输入文字"家园房产中介有限公司"，字体选择"方正综艺简体"，字号为 22，字母间距为 5，颜色为白色，如图 1-79 所示。

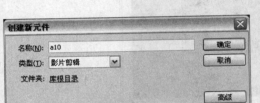

图 1-78　新建影片剪辑　　　　　　　　　　图 1-79　输入文字

（70）新建一个"图层 2"，使用"矩形工具" ▦ 在文字的左侧绘制一个无边框、填充色为任意色的矩形，如图 1-80 所示。然后在"图层 1"的第 30 帧处插入帧。

（71）在"图层 2"的第 30 帧处插入关键帧，使用"任意变形工具" ▦ 将该帧处的矩形放大至刚好把文字完全遮住，如图 1-81 所示。然后在"图层 2"的第 1 帧与第 30 帧之间创建形状补间动画。

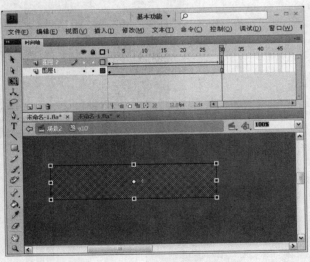

图 1-80　绘制矩形　　　　　　　　　　　图 1-81　放大矩形

（72）选中"图层 2"，单击鼠标右键，在弹出的菜单中选择"遮罩层"命令。完成后返回场景 2，新建一个图层，并把它命名为"zi"。在该层的第 353 帧处插入关键帧，从"库"面板里将影片剪辑"a10"拖入到舞台中，如图 1-82 所示。

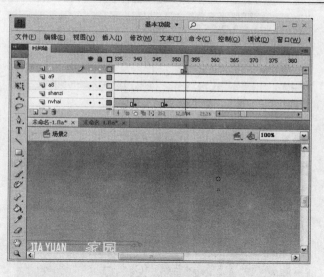

图 1-82　拖入影片剪辑

制作进入网站的按钮元件

（1）执行"插入→新建元件"命令，弹出"创建新元件"对话框，在"名称"文本框中输入"进入网站"，在"类型"下拉列表中选择"按钮"选项，如图 1-83 所示。完成后单击"确定"按钮进入元件编辑模式。

（2）使用"文本工具"**T**在编辑区中输入"跳过动画进入网站"，字体选择"微软简粗黑"，字号为 16，颜色为白色，如图 1-84 所示。

图 1-83　"创建新元件"对话框　　　　　　图 1-84　输入文字

（3）分别在"指针经过"帧、"按下"帧、"点击"帧处按 F6 键，插入关键帧，如图 1-85 所示。

（4）选择"指针经过"帧处的文字，使用"任意变形工具"将其放大一些，如图 1-86 所示。

图 1-85 插入关键帧

图 1-86 放大图形

（5）选择"点击"帧，单击"矩形工具" ▢ ，在工作区中绘制一个矩形，使之刚好覆盖"点击"帧中的文字，矩形颜色随意，如图 1-87 所示。

图 1-87 绘制矩形

完善场景

（1）执行"窗口→设计面板→场景"命令，打开"场景"面板，单击"场景 1"，如图 1-88 所示，进入到场景 1 中。

（2）在场景 1 中新建一个图层"按钮"，从"库"面板中将"进入网站"按钮元件拖入到舞台上，如图 1-89 所示。

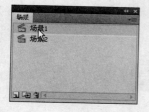

图 1-88 "场景"面板

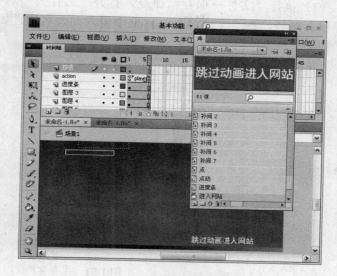

图 1-89 拖入按钮元件

（3）选中舞台上的按钮，打开"动作"面板，输入如下代码：

```
on(press)
{geturl("http://www.jiayuan.com");}
```

制作说明： 为按钮元件添加代码是方便浏览者不愿意观看片头动画时，单击按钮即可直接进入网站。

（4）选中按钮元件，按 **Ctrl+C** 组合键复制，进入场景 2，新建图层"按钮"，在舞台空白处单击鼠标右键，在弹出的菜单中选择"粘贴到当前位置"命令，如图 1-90 所示。

图 1-90 选择"粘贴到当前位置"命令

测试影片

（1）执行"文件→保存"命令，打开"另存为"对话框，在"保存在"下拉列表中选择保存路径，在"文件名"文本框中输入动画名称，如图 1-91 所示。完成后单击"保存"按钮。

图 1-91　保存文档

（2）按 Ctrl+Enter 组合键测试动画，即可看到制作的网站片头动画效果，如图 1-92 所示。

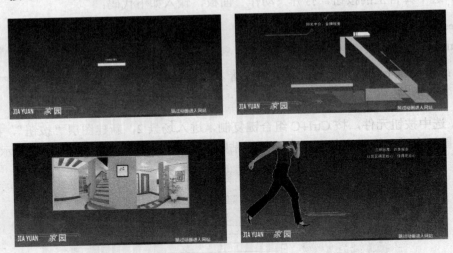

图 1-92　测试动画

知识点总结

　　本例主要涉及导入图像、绘制图像、创建元件、创建场景、调整图片的亮度值与创建按钮等制作。

　　Flash 中的图像分为矢量图像和位图（又

称点阵图或栅格图像）两大类。

1.　矢量图像

矢量图，也称为面向对象的图像或绘图图像，在数学上定义为一系列由线连接的点。在矢量文件中的图像元素称为对象。每个对象都是一个自成一体的实体，它具有颜色、形状、轮廓、大小和屏幕位置等属性。既然每个对象都是一个自成一体的实体，就可以在维持它原有清晰度和弯曲度的同时，多次移动和改变它的属性，而不会影响图例中的其他对象。这些特征使基于矢量的图像特别适用于图例和三维建模，因为它们通常要求能创建和操作单个对象。基于矢量的绘图与分辨率无关。这意味着它们可以按最高分辨率显示到输出设备上。

矢量图最大的特点在于，无论放大多少倍，图像永远保持清晰的显示效果。矢量图的格式也很多，如"*.AI"、"*.EPS"、"*.dwg"、"*.cdr"、"*.wmf"和增强型图元文件"*.emf"等。

矢量图像使用称为矢量的线条和曲线（包括颜色和位置信息）描述图像。例如，一片叶子的图像可以使用一系列的点（这些点最终形成叶子的轮廓）描述。叶子的颜色由轮廓（即笔触）的颜色和轮廓所包围的区域（即填充）的颜色决定，如图1-93所示。

叶子的轮廓

叶子的填充区域

图1-93　叶子矢量图

编辑矢量图像时，修改的是描述其形状的线条和曲线的属性。矢量图像与分辨率无关，这意味着除了可以在分辨率不同的输出设备上显示它以外，还可以对其执行移动、调整大小、更改形状或更改颜色等操作，而不会改变其外观品质。

2.　位图

位图图像也称为点阵图像或绘制图像，是由称做像素的单个点组成的。这些点可以进行不同的排列和染色以构成图样。当放大位图时，可以看见构成整个图像的无数单个方块。扩大位图尺寸的效果是增多单个像素，从而使线条和形状显得参差不齐。然而，如果从稍远的位置观看，位图图像的颜色和形状又显得是连续的。由于每一个像素都是单独染色的，就可以通过以每次一个像素的频率操作选择区域而产生近似相片的逼真效果，诸如加深阴影和加重颜色。缩小位图尺寸也会使原图变形，因为此举是通过减少像素来使整个图像变小的。同样，由于位图图像是以排列像素集合体的形式创建的，所以不能单独操作位图的局部。

位图的文件类型很多，如"*.bmp"、"*.pcx"、"*.gif"、"*.jpg"、"*.tif"、"*.pcd"、"*.psd"、"*.cpt"等。

编辑位图图像时，修改的是像素，而不是线条和曲线。位图图像与分辨率有关，这意味着描述图像的数据被固定到一个特定大小的网格中。放大位图图像会使图像的边缘呈锯齿状，这是因为像素在网格中重新进行了分布。

拓展训练

为了更加明确地了解新旧版本的不同，体现新版本带来的便捷，下面使用 Flash CS3 制作一个网站片头的 loading，如图1-94所示。

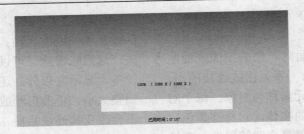

图 1-94　loading

关键步骤提示：

（1）运行 Flash CS3，新建一个 Flash 空白文档。在"属性"面板中单击  按钮，如图 1-95 所示。

图 1-95　"属性"面板

（2）在打开的"文档属性"对话框中将"尺寸"设置为 600 像素（宽）×490 像素（高），"背景颜色"设置为黑色，"帧频"设置为 28fps，如图 1-96 所示。

（3）在舞台中绘制一个大小为 600 像素×490 像素的绿色渐变的长方形，并使其居中对齐。

（4）执行"插入→新建元件"命令，打开"创建新元件"对话框，在"名称"文本框中输入"loadingbar"，在"类型"区域选择"影片剪辑"单选项，如图 1-97 所示。完成后单击"确定"按钮进入影片剪辑编辑区。

图 1-96　"文档属性"对话框

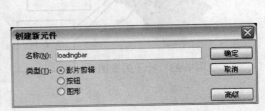

图 1-97　"创建新元件"对话框

（5）使用"矩形工具"绘制一个大小为 366 像素×33 像素的无填充色的白色矩形，在第 100 帧插入普通帧。插入"图层 2"，将"图层 2"拖动至"图层 1"的下方，新建图形元件 load1，在场景中绘制一个 1 像素×33 像素的无边框的绿色图形，将其拖动到"图层 2"的第 1 帧场景中白色矩形的左侧，在第 50 帧插入关键帧，将其大小修改为 223 像素×33 像素，并在"属性"面板中设置其亮度为 100%，如图 1-98 所示。

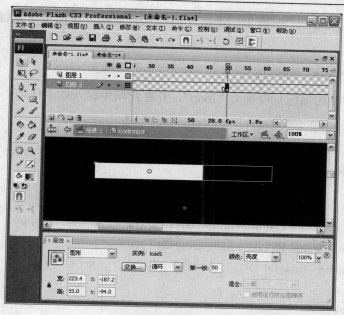

图 1-98 设置亮度

（6）在"图层 2"第 100 帧插入关键帧，修改其大小为 366 像素×33 像素，在各帧之间创建动画补间，并在第 1 帧和第 100 帧的关键帧上输入代码："stop();"。

（7）返回场景，新建图层"loading"，将"库"中的"loadingbar"元件拖动到场景中，设置其实例名称为"load_bar"，使用"文本工具"在"loadingbar"元件的上下两侧分别绘制两个动态文本框，并分别设置其变量为"percent"和"downloadtime"。在第 15 帧插入关键帧，在第 16 帧插入空白关键帧，并设置其帧标签为"end"，如图 1-99 所示。

图 1-99 设置帧标签

（8）新建图层"as"，在第 2、14 帧分别插入关键帧，在第 1 个关键帧中输入如下代码：

```
fscommand("allowscale", "false");
```

将第 2 个关键帧的帧标签设置为"loop"，并在此帧中输入如下代码：

```
byteloaded = _root.getBytesLoaded();
bytetotal = _root.getBytesTotal();
loaded = int(byteloaded /bytetotal * 100);
t = getTimer ();
// K
percent = loaded + "%   ( " + int(byteloaded/1000) + " K / " + int(bytetotal/1000) + " K )";
percent = percent + "\r 下载速度：" + int(byteloaded/t * 100)/100 + " K/s";
load_bar.gotoAndStop( loaded );
// Time
timeloaded = int(t/1000);
timeremain = int(timeloaded * (bytetotal- byteloaded) / byteloaded);
timeremain = int(timeremain / 60) + "\'" + int(timeremain % 60) + "\'";
timeloaded = int(timeloaded / 60) + "\'" + int(timeloaded % 60) + "\'";
downloadtime = "已用时间：" + timeloaded + "\r" + "剩余时间：" + timeremain;
```

在第 14 帧中输入如下代码：

```
if (byteloaded == bytetotal) {
        gotoAndPlay("end");
} else {
        gotoAndPlay("loop");
}
```

（9）执行"文件→保存"命令，将文件保存并命名为"片头 loading"，然后按 Ctrl+Enter 组合键测试动画即可。

职业快餐

　　网站片头一般是指在打开网站主页之前的一段动画，通过网站片头动画可以更加直观地告诉浏览者关于网站的一些信息，并能给浏览者留下深刻的印象。网站片头动画一般都是用 Flash 制作的。

　　网站片头的制作一般都要经过精心的策划和新颖的创意，再加上熟练的技术才能完成。下面介绍一下网站片头的制作流程。

（1）了解网站的整体内容及风格

在制作网站片头之前需要对网站的整个面貌做一个大体的了解，以确定网站片头的风格以及形式，在对网站有了充分了解之后才有可能制作出有针对性的网站片头，才能更好地表现网站的主题思想。

（2）前期构思及创意

在了解了网站的主题内容并确定了网站片头的风格之后，要构思如何使用 Flash 动画将其表现出来，可使用各种方法来构思自己的创意，可做若干个小方案或绘制草图，在反复对比之后确定使用哪种制作思路。

（3）收集素材

在确定了制作的结构及框架以后即可收集素材了。和制作其他动画一样，要收集在构思过程中需要的图片和声音以及制作各种动画元素，以便在以后的制作中使用。

（4）编辑动画

之后就可以编辑动画了，将收集到的素材按照构思好的制作方法，将其进行组合和编辑，并在动画中插入合适的声音。

（5）测试和发布

在制作结束时可对影片进行测试，并修改不满意的地方，此时整个影片已大体成型，只在比较小的细节方面进行修改即可。最后发布影片。

案例 2

化妆品网络 banner

素材路径：源文件与素材\案例 2\素材
源文件路径：源文件与素材\案例 2\源文件\化妆品网络 banner.fla

情景再现

进入公司已经快半年了，我完成了公司交待下来的多个任务，积累了不少在实际工作中的经验。

这天，我正在网上查看 Flash 软件被 Adobe 公司收购之后这几年来的变化，业务部拉单非常厉害的小刘推门进来了，他后面还跟着一名中年男子。小刘一进门就对我说："小王，我来介绍一下，这位是 Sweet 化妆品公司市场部的方经理。"我一听就知道小刘又为公司接到一个单子，而且 Sweet 化妆品公司是本市乃至全省都非常知名的一个企业，不禁暗赞道小刘真厉害。

我站起来对这名中年男子说："方经理你好，我是小刘设计部的同事小王，你请坐。"又叫小刘坐下后，方经理对我说："小王，是这样的，我们公司最进推出了一种化妆品，希望在本地最大的网站"长江热线"上进行网络广告推广，你是专业的设计人员，又听小刘说你在制作网络广告这方面非常在行，这就交给你了，时间上越快越好。""好的，这两天我就把贵公司的网络广告做好。"我说道。

任务分析

● Sweet 化妆品新品上市，在"长江热线"网站上进行网络广告推广，让用户知道 Sweet 公司推出了新产品，扩大新产品的知名度。

● 为了不影响用户对网站的浏览，不要制作弹出式 banner，而是制作内嵌在"长江热线"网站首页的 banner 条进行推广。

● 由于该化妆品是针对广大年轻时尚女性进行宣传，banner 的背景使用神秘优雅的紫色，并添加动听的音乐与动感的跳动音波效果，吸引这一群体的点击。

● 单击 banner 后，要跳转到 Sweet 化妆品公司主页，以便用户全方位了解 Sweet 公司的新化妆品。

流程设计

首先设置动画背景并创建需要的元件，再使用导入功能，将准备好的图片导入到舞台中，并调整图片的 Alpha 值，使图片产生深入浅出的效果；然后在舞台上输入宣传的文字；运用蒙版技术，编辑出文本被遮罩的特效；接着导入动感音乐；最后制作按钮为 banner 添加跳转到 Sweet 化妆品公司网站主页的链接。

任务实现

设置动画背景

（1）运行 Flash CS4，新建一个 Flash 空白文档。执行"修改→文档"命令，打开"文档属性"对话框，将"尺寸"设置为 778 像素（宽）×400 像素（高），其他设置保持默认，如图 2-1 所示。设置完成后单击"确定"按钮。

制作说明： 本例制作的网络 banner 是内嵌在网页中的，由于要吸引浏览者的注意，避免在用户浏览网页的过程中被忽略，于是 banner 与进行推广的网站制作成等宽，网站的宽是 778 像素，所以 banner 的宽也是 778 像素。

（2）单击"矩形工具" ▨，在舞台上绘制一个宽和高分别为 778 像素与 400 像素的无边框、颜色随意的矩形，并遮盖住舞台，如图 2-2 所示。

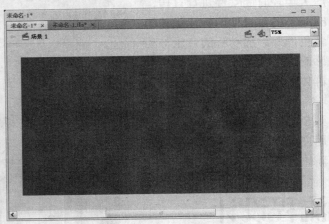

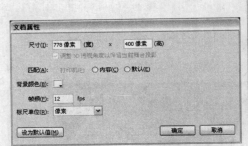

图 2-1　"文档属性"对话框　　　　　　　　图 2-2　绘制矩形

（3）执行"窗口→颜色"命令或者按 Shift+F9 组合键打开"颜色"面板，将"类型"设置为"线性"，在中间添加一个调色块，把左端的调色块颜色设置为紫色（#49001D），把中间的调色块颜色设置为 Alpha 值为 87% 的紫色（#5E0428），把右端的调色块颜色设置为 Alpha 值为 81% 的紫色（#3B0014），如图 2-3 所示。然后使用"颜料桶工具" ▨ 填充矩形，如图 2-4 所示。

制作影片剪辑——圆

（1）按 Ctrl+F8 组合键，新建一个影片剪辑，在"名称"文本框中输入"圆"，如图 2-5 所示。

（2）在影片剪辑"圆"的编辑状态下，使用"椭圆工具" ◯ 在工作区中绘制一个边框与填充色（都为白色的圆。然后选中圆，按 F8 键，将其转换为图形元件[①]，在名称栏中输入"图形 1"，如图 2-6 所示。

图 2-3 "颜色"面板

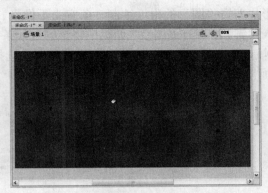

图 2-4 填充矩形

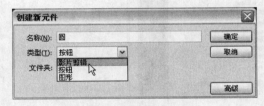

图 2-5 新建影片剪辑

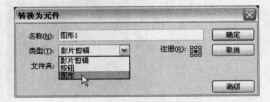

图 2-6 转换为图形元件

（3）在时间轴上的第 3 帧、第 5 帧和第 10 帧处插入关键帧。然后分别选中第 1 帧与第 10 帧处的圆，在"属性"面板中将其 Alpha 值设置为 0%，如图 2-7 所示。最后在这些关键帧之间创建补间动画。

（4）新建一个图层，并在该层的第 10 帧处插入关键帧，然后单击鼠标右键，在弹出的快捷菜单中选择"动作"命令，在打开的"动作"面板中添加代码："stop();"。

（5）单击 场景 1 回到主场景，新建"图层 2"，从"库"面板中将影片剪辑"圆"拖入到舞台上。然后在"图层 2"的第 34 帧处插入关键帧，在第 44 帧处插入帧，在第 11 帧处插入空白关键帧，如图 2-8 所示。

图 2-7 设置 Alpha 值

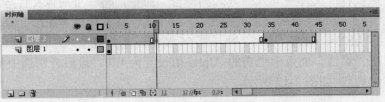

图 2-8 时间轴

[①] 将小圆转换为图形元件是为了设置其 Alpha 值，从而实现淡入效果。普通的图形是不能设置 Alpha 值的。

（6）将"图层1"中的紫色矩形转换为图形元件，然后在"图层1"的第280帧处插入关键帧。新建一个"图层3"，并在该层的第11帧处插入关键帧。接着使用"线条工具" ＼ 在舞台上影片剪辑"圆"的附近绘制一条宽为1像素、颜色为白色的线。在"图层3"的第14帧处插入关键帧，并在"属性"面板中将该帧处线条的宽设置为65像素。最后选中"图层3"的第11帧，单击鼠标右键，在弹出的快捷菜单中选择"创建补间形状"命令，从而创建形状补间动画①，如图2-9所示。

图2-9　创建形状动画

（7）在"图层3"的第30帧与第33帧处插入关键帧。选中第33帧处的线条，在"属性"面板中将它的宽设置为1像素。然后在"图层2"的第30帧与第33帧之间创建形状补间动画。最后在第34帧处插入空白关键帧，如图2-10所示。

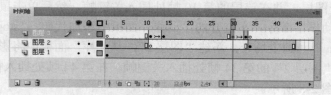

图2-10　时间轴

制作遮罩动画

（1）新建一个图层，并把它命名为"图1"。在"图1"层的第39帧处插入关键帧，然后执行"文件→导入→导入到舞台"命令，将一个图像文件导入到舞台中，如图2-11所示。

（2）选中舞台上的图片，按F8键，将其转换为图形元件，名称保持默认。然后在"图1"层的第41帧、第52帧与第56帧处插入关键帧。完成后选中第39帧与第56帧处的图片，在"属性"面板中把它的Alpha值设置为0%。最后分别选中第39帧与第52帧，创建补间动画②，如图2-12所示。

---

①形状补间动画是基于所选择的两个关键帧中的矢量图形存在形状、色彩、大小等的差异而创建的动画关系，在两个关键帧之间插入逐渐变形的图形显示。
②动作补间动画则是指在时间轴的一个图层中，创建两个关键帧，分别为这两个关键帧设置不同的位置、大小、颜色等参数，再在两关键帧之间创建动作补间动画效果，是Flash中比较常用的动画类型。

图 2-12　创建补间动画

图 2-11　导入图片

（3）新建一个图层，命名为"遮 1"。在第 39 帧处插入关键帧，使用"椭圆工具" 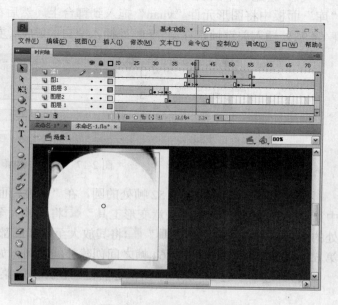在图片的中心位置绘制一个无边框、宽和高都为 10 像素的白色正圆，如图 2-13 所示。

（4）选中圆，按 F8 键，将其转换为图形元件，在名称栏中输入"yuan"。完成后在"遮1"层的第 41 帧、第 49 帧与第 51 帧处插入关键帧，在第 56 帧处插入空白关键帧。然后选中第 39 帧处的圆，在"属性"面板中把它的 Alpha 值设置为 0%。选中第 41 帧处的圆，使用"任意变形工具"将其放大至宽和高都为 291 像素，选中第 51 帧处的圆，使用"任意变形工具"将其放大至宽和高都为 291 像素。最后分别在第 41 帧与第 49 帧之间，第 49 帧与第 51 帧之间创建补间动画。如图 2-14 所示。

图 2-13　绘制正圆

图 2-14　创建圆的补间动画

（5）选中"遮1"层，单击鼠标右键，在弹出的菜单中选择"遮罩层"命令，创建遮罩动画①。完成后新建一个图层，并把它命名为"图2"。在"图2"层的第52帧处插入关键帧，然后执行"文件→导入→导入到舞台"命令，将一幅图片导入到舞台中，如图2-15所示。

（6）选中"图2"层的第52帧处的图片，按F8键将其转换为图形元件，其名称保持默认。然后在"图2"层的第54帧、第72帧和第76帧处插入关键帧。完成后选中第52帧与第76帧处的图片，在"属性"面板中把它们的Alpha值设置为0%。最后分别在第52帧与第54帧之间，第72帧与第76帧之间创建补间动画，如图2-16所示。

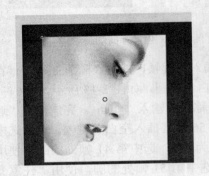

图2-15　导入图片

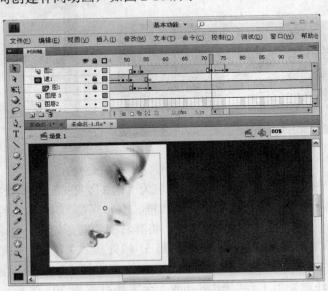

图2-16　创建动画

（7）新建一个图层，并把它命名为"遮2"。在"遮2"层的第52帧处插入关键帧，从"库"面板中将图形元件"yuan"拖入到舞台上。然后在"遮2"层的第54帧、第62帧和第64帧处插入关键帧，在第77帧处插入空白关键帧，如图2-17所示。

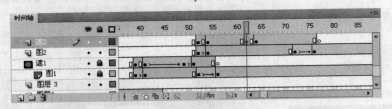

图2-17　插入关键帧

（8）选中"遮2"层第52帧处的圆，在"属性"面板中把它的Alpha值设置为0%。选中第62帧处的圆，使用"任意变形工具"![工具图标]将其放大至宽和高都为265像素，选中第64帧处的圆，使用"任意变形工具"![工具图标]将其放大至宽和高都为291像素。最后分别在第54帧与第62帧之间，第62帧与第64帧之间创建补间动画，如图2-18所示。

（9）选中"遮2"层，单击鼠标右键，在弹出的菜单中选择"遮罩层"命令。完成后新

①遮罩动画是指使用Flash中遮罩层的作用而形成的一种动画效果。遮罩动画的原理是被遮盖的能被看到，没被遮盖的反而看不到。

建一个图层，并把它命名为"图 3"。在"图 3"层的第 64 帧处插入关键帧，然后执行"文件
→导入→导入到舞台"命令，将一幅图像导入到舞台中，如图 2-19 所示。

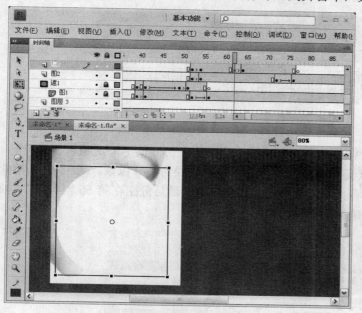

图 2-18 对圆形创建动画

图 2-19 导入图片

（10）选中"图 3"层的第 64 帧处的图片，按 F8 键，将其转换为图形元件，其名称保
持默认。然后在"图 3"层的第 66 帧处插入关键帧。完成后选中第 64 帧处的图片，在"属
性"面板中把它的 Alpha 值设置为 0%。最后在第 64 帧与第 66 帧之间创建补间动画，如图
2-20 所示。

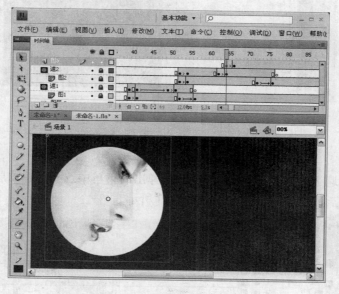

图 2-20 对图片创建动画

（11）新建一个图层，并把它命名为"遮 3"。在"遮 3"层的第 64 帧处插入关键帧，从

"库"面板中将图形元件"yuan"拖入到舞台上图片的中心位置。然后在"遮3"层的第66帧、第74帧和第76帧处插入关键帧,如图2-21所示。

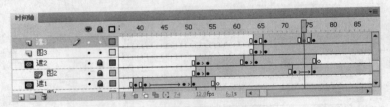

图2-21　插入关键帧

(12)选中"遮3"层第64帧处的圆,在"属性"面板中把它的Alpha值设置为0%。选中第74帧处的圆,使用"任意变形工具" 将其放大至直径为270像素,选中第76帧处的圆,使用"任意变形工具" 将其放大至直径为300像素。最后分别在第66帧与第74帧之间,第74帧与第76帧之间创建补间动画,如图2-22所示。

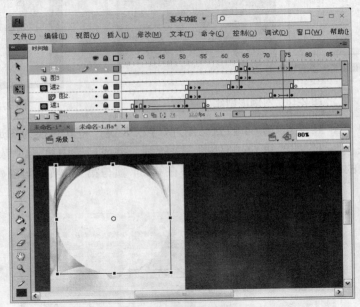

图2-22　创建动画

制作线条

(1)选中"遮3"层,单击鼠标右键,在弹出的菜单中选择"遮罩层"命令。然后新建一个图层,并把它命名为"线条1",如图2-23所示。

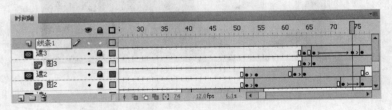

图2-23　新建图层

（2）在"线条 1"层的第 81 帧处插入关键帧，使用"线条工具" \ 在舞台上绘制一条宽为 1 像素、颜色为白色的线。然后在"线条 1"层的第 86 帧处插入关键帧，并在"属性"面板中将该帧处线条的宽设置为 611 像素。最后在"线条 1"层的第 81 帧与第 86 帧之间创建形状动画，如图 2-24 所示。

图 2-24　绘制线条并创建动画

（3）新建一个图层，并把它命名为"线条 2"。在"线条 2"层的第 83 帧处插入关键帧，使用"线条工具" \ 在舞台上绘制一条宽为 1 像素、颜色为白色的线。然后在"线条 2"层的第 88 帧处插入关键帧，并在"属性"面板中将该帧处线条的宽设置为 611 像素。最后在"线条 2"层的第 83 帧与第 88 帧之间创建形状动画，如图 2-25 所示。

图 2-25　设置线条并创建形状动画

制作文字特效

（1）新建一个图层，并把它命名为"字 1"。在第 90 帧处插入关键帧，使用"文本工具"

T在舞台中输入化妆品产品的名称"Sweet"，字体为"Aachen BT"，字号为"32"，如图 2-26 所示。

（2）在"字 1"层的第 100 帧，第 107 帧、第 111 帧、第 115 帧和第 119 帧处插入关键帧，在第 109 帧、第 113 帧和第 117 帧处插入空白关键帧[①]，然后在第 90 帧与第 100 帧之间创建补间动画，如图 2-27 所示。

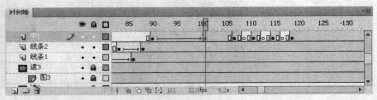

图 2-26　输入文字"Sweet" 　　　　　　　　　　图 2-27　插入关键帧与空白关键帧

（3）新建一个图层，并把它命名为"字 2"。在第 120 帧处插入关键帧，使用"文本工具"**T**在舞台中输入"新品上市"四个字，字体为"方正综艺简体"，字号为"32"，颜色为橙黄色（#FF3300），如图 2-28 所示。

（4）选择输入的文字，打开"属性"面板，将滤镜设置为"发光"，并将发光的颜色设置为白色，如图 2-29 所示。

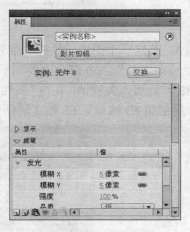

图 2-28　输入文字"新品上市" 　　　　　　　　　图 2-29　设置发光效果

（5）选中文本，按 F8 键将其转换为影片剪辑元件，名称保持默认。然后在"字 2"层的第 131 帧处插入关键帧。完成后选中第 120 帧处的文本，在"属性"面板中把它的 Alpha 值设置为 0%。最后在第 120 帧与第 131 帧之间创建补间动画，如图 2-30 所示。

（6）将"字 1"与"字 2"层隐藏[②]。新建一个图层，并把它命名为"字 3"。在第 133 帧处插入关键帧，使用"文本工具"**T**在舞台中输入一段文字。字体选择"文鼎中隶简"，字号为 15，颜色为白色，并且加粗显示。然后将文字移动到如图 2-31 所示的位置。

（7）新建一个图层，并把它命名为"遮 4"。在"遮 4"层的第 133 帧处插入关键帧，使用"矩形工具"▉在舞台上绘制一个无边框、填充色为任意颜色的矩形，如图 2-32 所示。

---

① 空白关键帧与关键帧的性质和行为完全相同，但不包含任何内容，这里插入空白关键帧是为了实现文字的闪烁效果。
② 将"字 1"与"字 2"层隐藏是为了接下来在"字 3"层中输入文字时不被遮挡。

图 2-30　创建动画

图 2-31　输入文字

图 2-32　绘制矩形

（8）在"字 3"层的第 255 帧处插入关键帧，并将该帧中的文字向上移动到与矩形重合。然后在"字 3"层的第 133 帧与第 255 帧之间创建补间动画。选中"遮 4"层，单击鼠标右键，在弹出的菜单中选择"遮罩层"命令，如图 2-33 所示。

图 2-33　创建遮罩动画

（9）新建一个图层，并把它命名为"图 4"。在"图 4"层的第 282 帧处插入关键帧，然后执行"文件→导入→导入到舞台"命令，将一幅图片导入到舞台中，如图 2-34 所示。

图 2-34　导入图片

（10）选中"图 4"层第 282 帧处的图片，按 F8 键将其转换为图形元件，名称保持默认。然后在"图 4"层的第 295 帧处插入关键帧。完成后选中第 282 帧处的图片，在"属性"面板中把它的 Alpha 值设置为 0%。最后在第 282 帧与第 295 帧之间创建补间动画，如图 2-35 所示。

（11）在"图 4"层的第 350 帧处插入帧，新建一个图层，并把它命名为"字 4"。在第 296 帧处插入关键帧，使用"文本工具"**T** 在舞台中输入化妆品产品的名称"Sweet"，字体为"Aachen BT"，字号为"32"，如图 2-36 所示。

图 2-35　在"图 4"层创建动画

图 2-36　输入文字

（12）选中文字，按 F8 键将其转换为图形元件，名称保持默认。然后在"字 4"层的第 306 帧处插入关键帧。完成后选中第 296 帧处的文字，在"属性"面板中把它的 Alpha 值设置为 0%。最后在第 296 帧与第 306 帧之间创建补间动画，如图 2-37 所示。

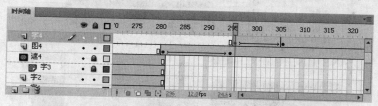

图 2-37　在"字 4"层创建动画

添加音波及音乐

（1）按 Ctrl+F8 组合键，新建一个"名称"为"音波"的影片剪辑，并在该影片剪辑中选择时间轴上的第 1 帧，在"动作"面板中添加如下代码：

```
_root.onEnterFrame = function() {
createEmptyMovieClip("caizhu", random(2));
caizhu._x = 150;
caizhu._y = 200;
for (var i = 0; i<12; i++) {
caizhu.beginFill(Math.random()*0xffffff, 30);
var gaodu = Math.random()*50+10;
var xzuobiao = [i*20, i*20+10, i*20+10, i*20];
var yzuobiao = [-gaodu, -gaodu, 0, 0];
caizhu.moveTo(i*20, 0);
for (var j = 0; j<5; j++) {
caizhu.lineTo(xzuobiao[j], yzuobiao[j]);
}
}
};
```

（2）单击 场景 1 回到主场景，新建图层"音波"，从"库"面板中将影片剪辑"音波"拖入到舞台上。然后再新建一个"音乐"图层，执行"文件→导入→导入到舞台"命令，在"属性"面板中的"声音"下拉列表中选择刚导入的音乐文件，如图 2-38 所示。

设置跳转按钮

（1）按 Ctrl+F8 组合键，新建一个按钮元件，在"名称"文本框中输入"按钮"。在按钮的编辑状态下，使用"矩形工具" 在工作区中绘制一个宽和高分别为 778 像素与 400 像素的无边框、颜色随意的矩形，如图 2-39 所示。

（2）单击 场景 1 回到主场景，新建图层"按钮"，从"库"面板中将元件"按钮"拖入到舞台上并遮盖住舞台[①]，如图 2-40 所示。

---

① 将按钮元件遮盖住舞台是为了使浏览者无论单击动画的任何地方，都能跳转到 Sweet 化妆品公司的网站上。

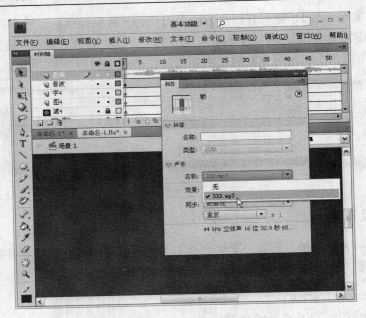

图 2-38　导入音乐

图 2-39　绘制矩形

（3）选中舞台上的按钮，打开"动作"面板，输入如下代码：

```
on(press)
{geturl("http://www.sweet.com","_blank①");}
```

（4）选中舞台上的按钮，在"属性"面板上将其 Alpha 值设置为 0②，如图 2-41 所示。

---

① 加上"_blank"表示会在新窗口中打开 Sweet 化妆品公司的主页。
② 这里将按钮的 Alpha 值设置为 0 是为了使其透明但要遮挡住其他的动画元素。

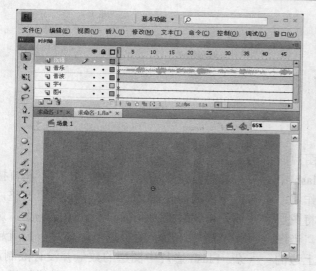

图2-40 拖入按钮　　　　　　　　　　　　图2-41 设置Alpha值

测试影片

（1）执行"文件→保存"命令，打开"另存为"对话框，在"保存在"下拉列表中选择保存路径，在"文件名"文本框中输入动画名称，如图2-42所示。完成后单击"保存"按钮。

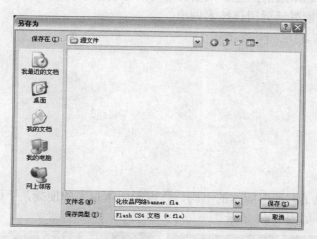

图2-42 保存文档

（2）按Ctrl+Enter组合键测试动画，即可看到制作的化妆品网络banner动画效果，如图2-43所示。

图2-43 测试动画

知识点总结

本例主要运用了创建元件、调整图片的 Alpha 值以及 Flash 中的图层功能。Flash 中的图层和 Photoshop 的图层有共同的作用：方便对象的编辑。在 Flash 中，可以将图层看做是重叠在一起的许多透明的胶片，当图层上没有任何对象的时候，可以透过上边的图层看下边图层上的内容，在不同的图层上可以编辑不同的元素。

遮罩层用在制作遮罩效果的动画中，这种效果由三个图层实现，从上到下为遮罩层、被遮罩层、背景层。最终效果为显示遮罩层中的形状，颜色为被遮罩层的颜色。只要弄明白了图层的结构就能灵活运用该技术做出很多具有新意的动画。

需要注意的是，在 Flash 中不能直接调整导入的图片的 Alpha 值，如需要调整，必须先将其转换为元件。不是图层越少，影片就越简单，然而图层越多，影片一定就越复杂。Flash 影片中图层的数量并没有限制，仅受计算机内存大小的制约，而且增加层的数量不会增加最终输出影片文件的大小。可以在不影响其他图层的情况下，在一个图层上绘制和编辑对象。对设置了遮罩的图层，系统默认为锁定，即不可编辑，必须解除锁定后才能重新编辑。

拓展训练

为了更加明确地了解新旧版本的不同，体现新版本带来的便捷，下面使用 Flash CS3 制作一个促销广告条，如图 2-44 所示。

图 2-44　促销广告

关键步骤提示：

（1）运行 Flash CS3，新建一个 Flash 空白文档。在"文档属性"对话框中将"尺寸"设置为 500 像素（宽）×200 像素（高），其他设置保持默认，设置完成后单击"确定"按钮。

（2）执行"文件→导入→导入到舞台"命令，将一幅图片导入到舞台中，如图 2-45 所示。

图 2-45　导入图片

（3）选中舞台上的图片，按 F8 键，将其转换为图形元件，图形元件的名称保持默认。

（4）在时间轴上的第 15 帧处插入关键帧。然后选中第 1 帧的图片，在"属性"面板中将其 Alpha 值设置为 25%，最后在第 19 帧与第 15 帧之间创建补间动画。

（5）新建一个图层"文字"，在"文字"层的第 10 帧处插入关键帧，然后分别在"图层 1"与"文字"层的第 100 帧处插入帧。

（6）单击"文本工具" **T** 按钮，在"文字"层的第 10 帧处输入文字"ER 服饰全场 7 折"，并将文字拖动到左边舞台之外，如图 2-46 所示。在第 25 帧处插入关键帧，将该帧处的文字移动到舞台上如图 2-47 所示的位置。

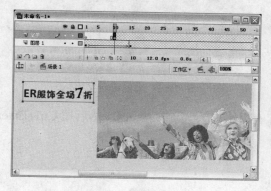

图 2-46　输入文字

图 2-47　拖动文字

（7）在"文字"层的第 10 帧与第 15 帧之间创建动画。新建一个图层"文字 2"，在该层的第 25 帧处插入关键帧，单击"文本工具" **T** 按钮，输入文字"你还不快来"。

（8）新建一个图层"遮罩"，在该层的第 25 帧处插入关键帧，单击"矩形工具" ▢ 按钮，在刚输入文本的左侧绘制一个宽为 135 像素、高为 32 像素的黑色矩形，如图 2-48 所示。

图 2-48　绘制矩形

（9）在"遮罩"层的第 40 帧处插入关键帧，并将矩形向右移动到刚好遮住文字的位置，然后在第 25 帧与第 40 帧之间创建动画。最后在"遮罩"层上单击鼠标右键，在弹出的菜单中选择"遮罩层"命令。

（10）新建一个图层"文字 3"，在第 33 帧处插入关键帧，单击"文本工具" **T**，在舞台上方输入文字"抢"，如图 2-49 所示。

（11）在"文字 3"层的第 41 帧处插入关键帧，将文字"抢"移动到如图 2-50 所示的位置，并在第 33 帧与第 41 帧之间创建动画。

图 2-49 输入"抢"字

图 2-50 移动文字

（12）分别在"文字 3"层的第 43 帧、第 45 帧、第 47 帧、第 49 帧、第 51 帧与第 53 帧处插入关键帧，然后选中第 43 帧与第 49 帧中的文字，使用"任意变形工具" ▓ 将文字向左旋转 20° 左右，如图 2-51 所示。选中第 45 帧与第 51 帧中的文字，再使用"任意变形工具" ▓ 将文字向右旋转 20° 左右，如图 2-52 所示。

图 2-51 向左旋转文字

图 2-52 向右旋转文字

（13）执行"文件→保存"命令，将文件保存并命名为"促销广告"，然后按 Ctrl+Enter 组合键测试动画。

职业快餐

制作网络 banner 时，设计师必须考虑到目前 Internet 的制约因素，如网络数据传输速率、服务器性能指标以及客户端浏览模式等，切不可为了单纯追求页面的漂亮而加大网络传输图片的负荷。网络 banner 除了外观设计的要求外，广告语也非常重要。在广告语里最好告知浏览者，他们单击的理由是什么，点击后他们将能看到什么。而且要激起浏览者点击的欲望，广告语的用词一定要想好。

Flash banner 可分为网页 banner 条和弹出式 banner 两大类。网页 banner 条是指在网页中内嵌的 Flash banner，这类 banner 一般随网站页面的打开而出现，banner 的面积一般较小，不占用过多的页面空间，且不影响页面的浏览。这类 banner 的缺点是由于其体积过小且内嵌于网页，有可能在用户浏览网页的过程中被忽略，从而达不到广告的目的。

弹出式 banner 是指 banner 不内嵌在网页中，而是在当前页面上方单独弹出一个独立的浏览窗口，并在该窗口中显示广告内容。

这类广告的优点是可以使用较大面积的页面空间来显示广告内容，且广告醒目，容易被网页浏览者注意。但也有缺点，那就是：每次用户打开该页面时都会自动弹出广告窗口，容易引起用户反感，而使用专用的上网工具将其拦截使其无法弹出显示。

案例 3

长龙牧羊诗苑

楼盘宣传片

素材路径：源文件与素材\案例 3\素材
源文件路径：源文件与素材\案例 3\源文件\楼盘宣传片.fla

情景再现

最近公司的同事都在谈论一个话题，那就是房子。是啊，房子在老百姓的生活中那是必不可少的啊。

这天中午午休的时候，老张来找我聊天，问我："大周，你知道最近什么房子最火吗？""呵呵，这我还能不知道，就是长龙牧羊诗苑二期，对吧。""哟，你消息还很灵通哦~~"就在我们聊天的时候门被推开了，我一看，这不是小李吗。小李说："周哥，和您商量个事情。"

"你说。"

"是这样的，大地房地产公司是我们公司的客户，他们现在准备做新开发的长龙牧羊诗苑二期的销售，您应该知道吧？""对，我知道啊。""本来呢，他们还是准备和一期一样做宣传资料，可是现在有点改动，他们准备在售楼部放电视，把他们的楼盘做成动画宣传短片，这样既可以在电视上播放又可以在咱们城市最大的网站上放，真是一举两得。所以拜托您，麻烦您给做一下，您看行吗？""哦，这个没问题，大家都是为了公司的客户嘛，这样吧，我做好后就拿一份给光盘部，叫他们做一份光盘，您看怎么样？""真是太好了，谢谢了周哥。""不用客气，应该的。"

任务分析

● Flash 宣传片主要是使观赏者对片中所宣传的主体有一个深刻的印象。

● 楼盘宣传片也有一些广告的特点，但又不是以推荐产品为主。它主要表现的是一种居住环境、购买群体和楼盘特点等。

● 作为一家成熟的房地产开发公司开发的新楼盘——长龙牧羊诗苑第二期，在制作中应将重点放在对楼盘的介绍方面，要突出精品小户型电梯房的楼盘特点，购买的付款方式、空间的大小、周围环境以及适用人群等，在动画的最后还要放入楼盘 Logo 图像。

流程设计

首先确定宣传片要创建的场景，然后分别制作各个场景中需要的元件，在制作前还应该注意素材的选择和处理，使其能更好地符合场景中所要表现的主题。接着对每个场景中楼盘的各个特点进行编辑和创建。最后保存文档并测试动画。

任务实现

制作场景 1 的图形元件

（1）运行 Flash CS4，新建一个 Flash 空白文档。执行"修改→文档"命令，打开"文档属性"对话框，将"尺寸"设置为 567 像素（宽）×300 像素（高），将"背景颜色"设置为灰色（#E1E1E1），将"帧频"设置为 12fps[①]，如图 3-1 所示。设置完成后单击"确定"按钮。

（2）执行"插入→新建元件"命令，弹出"创建新元件"对话框，在"名称"文本框中输入"人 1"，在"类型"下拉列表中选择"图形"选项，如图 3-2 所示。完成后单击"确定"按钮进入元件编辑区。

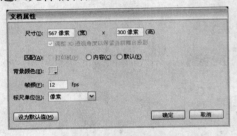

图 3-1 "文档属性"对话框

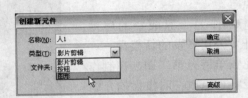

图 3-2 "创建新元件"对话框

（3）执行"文件→导入→导入到舞台"命令，打开"导入"对话框，在对话框中选择一幅图像，如图 3-3 所示。

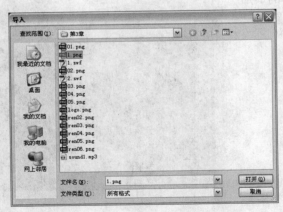

图 3-3 "导入"对话框

（4）完成后单击"打开"按钮，即可将选择的图像导入到元件编辑区中，如图 3-4 所示。

（5）单击选择编辑区中的位图实例，执行"窗口→对齐"命令，打开"对齐"面板，在面板中依次单击"相对于舞台"按钮 □、"水平中齐"按钮 ♣ 和"垂直中齐"按钮 ♣，如图 3-5 所示。

[①] 帧频设置得越高，动画的播放速度越快。

图 3-4 导入图像

制作说明: 导入到编辑区中的图像的位置是随意的,通过在"对齐"面板中进行设置,图像相对于舞台水平居中对齐与垂直居中对齐,也就不会出现将图形元件拖入到舞台中后,图像出现在舞台外侧的情况。

(6)执行"插入→新建元件"命令,弹出"创建新元件"对话框,在"名称"文本框中输入"矩形 1",在"类型"下拉列表中选择"图形"选项,如图 3-6 所示。完成后单击"确定"按钮进入元件编辑区。

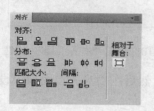

图 3-5 "对齐"面板

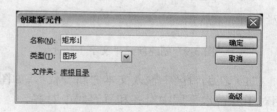

图 3-6 "名称"文本框

(7)在元件编辑区的工具箱中单击"矩形工具" ▢,在"属性"面板中设置笔触颜色为"无",填充颜色为红色"#990000",如图 3-7 所示。

(8)在元件编辑区中拖动鼠标绘制一个矩形,执行"窗口→信息"命令,打开"信息"面板,在面板中设置矩形的宽度为"178",高度为"300","X"坐标值为"-89","Y"坐标值为"-150",如图 3-8 所示。

(9)执行"插入→新建元件"命令,弹出"创建新元件"对话框,在"名称"文本框中输入"文字 1",在"类型"下拉列表中选择"图形"选项,如图 3-9 所示。完成后单击"确定"按钮进入元件编辑区。

(10)在元件编辑区的工具箱中单击"文本工具" **T**,在"属性"面板中设置字体为"方正粗倩简体",字号为"45",文本颜色为红色(#990000),如图 3-10 所示。

图 3-7　设置"矩形工具"属性

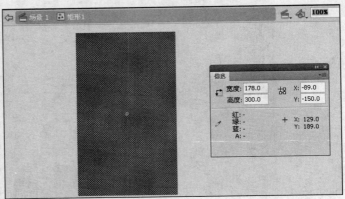

图 3-8　绘制矩形

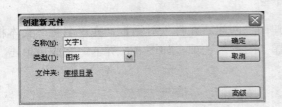

图 3-9　创建新元"文字 1"

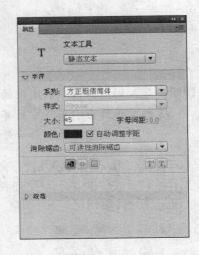

图 3-10　设置"本文工具"属性

（11）在编辑区中输入文本"新一代"，如图 3-11 所示。然后在"对齐"面板中设置文本相对于舞台水平居中对齐和垂直居中对齐。

（12）执行"插入→新建元件"命令，弹出"创建新元件"对话框，在"名称"文本框中输入"文字 2"，在"类型"下拉列表中选择"图形"选项，如图 3-12 所示。完成后单击"确定"按钮进入元件编辑区。

图 3-11　输入文本

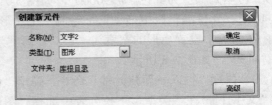

图 3-12　创建新元件"文字 2"

（13）在元件编辑区的工具箱中单击"文本工具" **T**，在"属性"面板中设置字体为"Arial"，字号为"25.0"，文本颜色为黄色（#996600），字母间距为"3.0"，如图 3-13 所示。

（14）在编辑区中输入文本"JING"，选择输入的文本，在"信息"面板中设置文本的"X"坐标值为"-68.7"，"Y"的坐标值为"-22.8"，如图 3-14 所示。

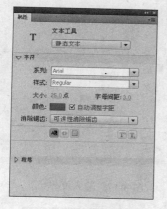

图 3-13 "属性"面板

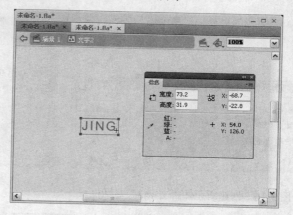

图 3-14 输入文本并设置位置坐标

（15）在工具箱中单击"文本工具" T ，在刚输入的文字下方输入文本"PINXIAOHUXING"。选择输入的文本，在"属性"面板中设置字体为"Arial"，字号为"12.0"，文本颜色为黄色（#996600），字符间距为"3.0"，如图 3-15 所示。

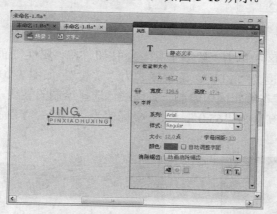

图 3-15 输入文本并设置文本属性

（16）执行"插入→新建元件"命令，弹出"创建新元件"对话框，在"名称"文本框中输入"文字 3"，在"类型"下拉列表中选择"图形"选项，如图 3-16 所示。完成后单击"确定"按钮进入元件编辑区。

（17）在工具箱中单击"文本工具" T ，在编辑区中输入文本"精品小户型电梯房"，在"属性"面板中设置文本字体为"方正粗倩简体"，字号为"18.0"，文本颜色为红色（#990000），字符间距为"5.0"，如图 3-17 所示。

（18）选择输入的文本，执行"窗口→信息"命令，打开"信息"面板，在面板中设置文本的"X"坐标值为"-94.1"，"Y"坐标值为"12.2"，如图 3-18 所示。

（19）执行"插入→新建元件"命令，弹出"创建新元件"对话框，在"名称"文本框中输入"竖线 1"，在"类型"下拉列表中选择"图形"选项，如图 3-19 所示。完成后单击"确定"按钮进入元件编辑区。

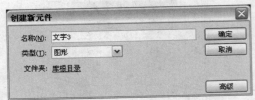

图 3-16 创建新元件"文字 3"对话框

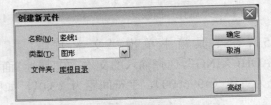

图 3-17 输入文本

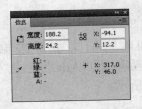

图 3-18 "信息"面板

图 3-19 创建新元件"竖线 1"

（20）在元件编辑区中单击"线条工具" ＼ 按钮，在"属性"面板中设置笔触颜色为灰色（#999999），笔触高度为"1.00"，笔触样式为"实线"，如图 3-20 所示。

（21）按住 Shift 键在编辑区中绘制一条竖线。选择绘制的竖线，在"信息"面板中设置竖线的宽度为"0.0"，高度为"65.0"，"X"坐标值为"0.0"，"Y"的坐标值为"-32.5"，如图 3-21 所示。

图 3-20 "属性"面板

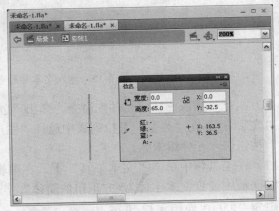

图 3-21 绘制竖线

（22）执行"插入→新建元件"命令，弹出"创建新元件"对话框，在"名称"文本框中输入"建筑 1"，在"类型"下拉列表中选择"图形"选项，如图 3-22 所示。完成后单击"确定"按钮进入元件编辑区。

图 3-22 "创建新元件"对话框

（23）执行"文件→导入→导入到舞台"命令，导入一幅图像到编辑区中，如图 3-23 所示。

（24）选择编辑区中的图像，执行"窗口→对齐"命令，打开"对齐"面板，在面板中依次单击"相对于舞台"按钮 、"水平中齐"按钮 и "垂直中齐"按钮 ，如图 3-24 所示。

图 3-23 导入图像   图 3-24 "对齐"面板

至此，场景 1 的图形元件创建完毕。

制作场景 2 的图形元件

（1）执行"插入→新建元件"命令，弹出"创建新元件"对话框，在"名称"文本框中输入"矩形 2"，在"类型"下拉列表中选择"图形"选项，如图 3-25 所示。完成后单击"确定"按钮进入元件编辑区。

（2）在元件编辑区中单击"矩形工具" ，在"属性"面板中设置笔触颜色为"无"，填充颜色为蓝色（#00659C）。在编辑区中拖动鼠标绘制一个矩形，然后在"信息"面板中设置矩形的宽度为"567.0"，高度为"151.0"，"X"坐标值为"-283.5"，"Y"坐标值为"-75.5"，如图 3-26 所示。

（3）执行"插入→新建元件"命令，弹出"创建新元件"对话框，在"名称"文本框中输入"人 2"，在"类型"下拉列表中选择"图形"选项，如图 3-27 所示。完成后单击"确定"按钮进入元件编辑区。

（4）执行"文件→导入→导入到舞台"命令，导入一幅图像到编辑区中，然后在"对齐"面板中设置图像相对于舞台水平居中对齐和垂直居中对齐，如图 3-28 所示。

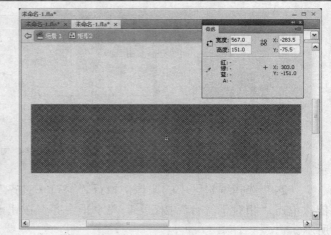

图 3-25　创建新元件"矩形 2"　　　　　　　　　图 3-26　绘制矩形

图 3-27　创建新元件"人 2"　　　　　　　　　图 3-28　导入图像

（5）执行"插入→新建元件"命令，弹出"创建新元件"对话框，在"名称"文本框中输入"文字 4"，在"类型"下拉列表中选择"图形"选项，如图 3-29 所示。完成后单击"确定"按钮进入元件编辑区。

图 3-29　创建新元件"文字 4"

（6）在元件编辑区的工具箱中单击"文本工具" ，在"属性"面板中设置字体为"黑体"，字号为"42.0"，文本颜色为深蓝色（#003031），字母间距为"9.0"，如图 3-30所示。

（7）在编辑区中输入文本"小总价"，选择输入的文本，在"信息"面板中设置文本的"X"坐标值为"-78.6"，"Y"坐标值为"-23.0"，如图 3-31 所示。

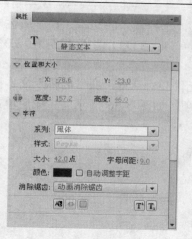

图 3-30　设置文本属性

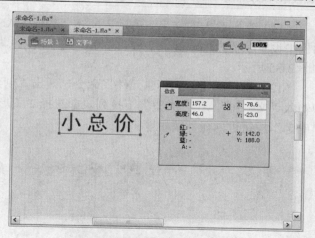

图 3-31　输入文本"小总价"

（8）执行"插入→新建元件"命令，弹出"创建新元件"对话框，在"名称"文本框中输入"文字 5"，在"类型"下拉列表中选择"图形"选项，如图 3-32 所示。完成后单击"确定"按钮进入元件编辑区。

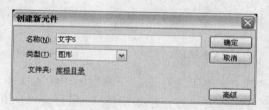

图 3-32　"创建新元件"对话框

（9）在元件编辑区的工具箱中单击"文本工具" **T**，在"属性"面板中设置字体为"Arial"，字号为"25.0"，文本颜色为深灰色（#003333），字母间距为"3.0"，如图 3-33 所示。

（10）在编辑区中输入文本"ZHIYE"，选择输入的文本，在"信息"面板中设置文本的"X"坐标值为"-51.9"，"Y"坐标值为"-21.3"，如图 3-34 所示。

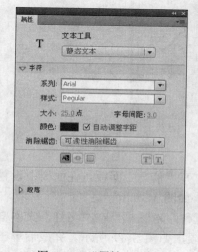

图 3-33　"属性"面板

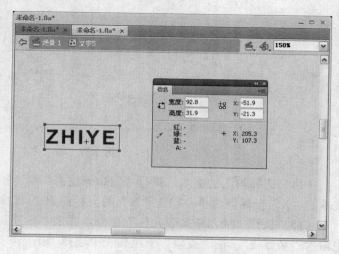

图 3-34　输入文本"ZHIYE"

（11）在刚输入的文字下方输入文本"WUZHANGAI"，选择输入的文本，在"属性"面板中设置字体为"Arial"，字号为"12.0"，文本颜色为深灰色（#003333），字母间距为"3.0"，如图 3-35 所示。

（12）执行"插入→新建元件"命令，弹出"创建新元件"对话框，在"名称"文本框中输入"文字 6"，在"类型"下拉列表中选择"图形"选项，如图 3-36 所示。完成后单击"确定"按钮进入元件编辑区。

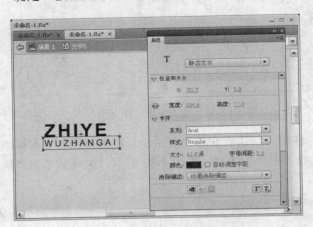

图 3-35　输入文本"WUZHANGAI"

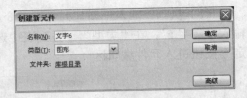

图 3-36　创建新元件"文字 6"

（13）在工具箱中单击"文本工具"**T**，在编辑区中输入文本"低首付置业无障碍"，在"属性"面板中设置文本字体为"方正粗倩简体"，字号为"18.0"，文本颜色为白色，字母间距为"5.0"，如图 3-37 所示。

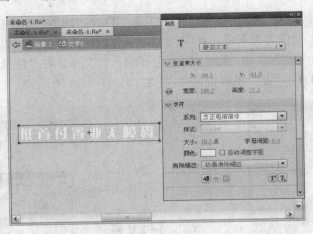

图 3-37　输入文本

（14）选择输入的文本，执行"窗口→信息"命令，打开"信息"面板，在面板中设置文本的"X"坐标值为"-94.1"，"Y"的坐标值为"-11.0"，如图 3-38 所示。

（15）执行"插入→新建元件"命令，弹出"创建新元件"对话框，在"名称"文本框中输入"竖线 2"，在"类型"下拉列表中选择"图形"选项，如图 3-39 所示。完成后单击"确定"按钮进入元件编辑区。

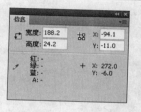

图 3-38　"信息"面板

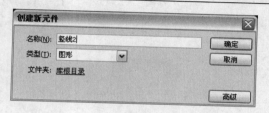

图 3-39　创建新元件

（16）在元件编辑区中单击"线条工具"  按钮，在"属性"面板中设置笔触颜色为黑色，笔触高度为"1.00"，笔触样式为"实线"，如图 3-40 所示。

（17）按住 Shift 键在编辑区中绘制一条竖线。选择绘制的竖线，在"信息"面板中设置竖线的宽度为"0.0"，高度为"60.0"，"X"坐标值为"0.0"，"Y"的坐标值为"-30.0"，如图 3-41 所示。

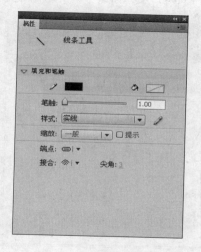

图 3-40　"属性"面板

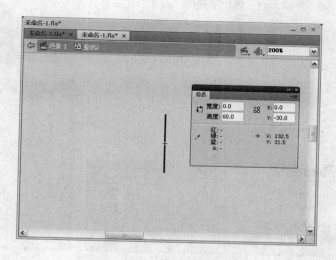

图 3-41　绘制竖线

至此，场景 2 的图形元件创建完毕。

制作场景 3 的图形元件

（1）执行"插入→新建元件"命令，弹出"创建新元件"对话框，在"名称"文本框中输入"人 3"，在"类型"下拉列表中选择"图形"选项，如图 3-42 所示。完成后单击"确定"按钮进入元件编辑区。

（2）执行"文件→导入→导入到舞台"命令，导入一幅图像到编辑区中，然后在"对齐"面板中设置图像相对于舞台水平居中对齐和垂直居中对齐，如图 3-43 所示。

（3）执行"插入→新建元件"命令，弹出"创建新元件"对话框，在"名称"文本框中输入"矩形 3"，在"类型"下拉列表中选择"图形"选项，如图 3-44 所示。完成后单击"确定"按钮进入元件编辑区。

（4）使用"矩形工具" 在元件编辑区中绘制一个无边框、填充颜色为黑色的矩形，然后在"信息"面板中设置矩形的宽度为"12.0"，高度为"280.1"，"X"坐标值为"-6.0"，"Y"坐标值为"-140.0"，如图 3-45 所示。

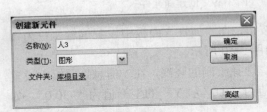

图 3-42　创建新元件"人 3"

图 3-43　导入图像

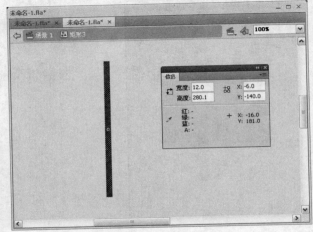

图 3-44　创建新元件"矩形 3"

图 3-45　绘制矩形

（5）执行"插入→新建元件"命令，弹出"创建新元件"对话框，在"名称"文本框中输入"文字 7"，在"类型"下拉列表中选择"图形"选项，如图 3-46 所示。完成后单击"确定"按钮进入元件编辑区。

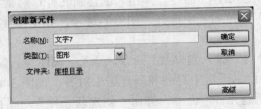

图 3-46　创建新元件"文字 7"

（6）在元件编辑区的工具箱中单击"文本工具" $\mathbf{T}$，在"属性"面板中设置字体为"方正粗倩简体"，字号为"42.0"，文本颜色为白色，如图 3-47 所示。

（7）在编辑区中输入文本"两房总价"。选择输入的文本，在"信息"面板中设置文本的"X"坐标值为"-86.1"，"Y"坐标值为"-23.0"，如图 3-48 所示。

图3-47 "属性"面板

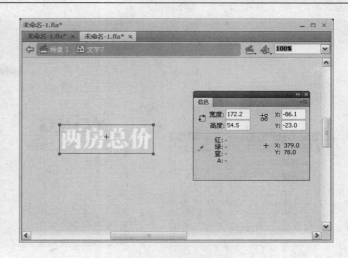

图3-48 输入文本"两房总价"

（8）执行"插入→新建元件"命令，弹出"创建新元件"对话框，在"名称"文本框中输入"文字8"，在"类型"下拉列表中选择"图形"选项，如图3-49所示。完成后单击"确定"按钮进入元件编辑区。

（9）在编辑区中使用"文本工具" T 输入文本"YONG"，如图3-50所示。然后在"属性"面板中设置字号为"25.0"，文本颜色为深灰色（#003333），字符间距为"3.0"。

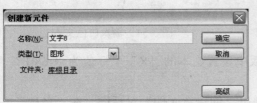

图3-49 "创建新元件"对话框

图3-50 输入文本"YONG"

（10）选择输入的文本，在"信息"面板中设置文本的"X"坐标值为"-68.3"，"Y"坐标值为"-22.8"，如图3-51所示。

（11）在工具箱中单击"文本工具" T ，在刚输入的文字下方输入文本"shanshikongjian"。选择输入的文本，在"属性"面板中设置字体为"Arial"，字号为"12.0"，文本颜色为深灰色（#003333），字母间距为"3.0"，如图3-52所示。

（12）执行"插入→新建元件"命令，弹出"创建新元件"对话框，在"名称"文本框中输入"文字"，在"类型"下拉列表中选择"图形"选项，如图3-53所示。完成后单击"确定"按钮进入元件编辑区。

（13）在工具箱中单击"文本工具" T ，在编辑区中输入文本"拥有三室空间"，在"属性"面板中设置文本字体为"黑体"，字号为"18.0"，文本颜色为白色，字母间距为"4.0"，如图3-54所示。

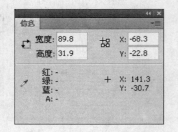

图 3-51　设置文本位置

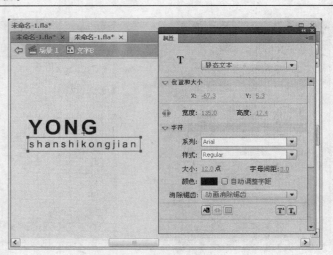

图 3-52　输入文本

图 3-53　创建新元件"文字 9"

图 3-54　输入白色文本

（14）选择输入的文本，在"信息"面板中设置文本的"X"坐标值为"-68.1"，"Y"坐标值为"-11.0"，如图 3-55 所示。

（15）执行"插入→新建元件"命令，弹出"创建新元件"对话框，在"名称"文本框中输入"竖线 3"，在"类型"下拉列表中选择"图形"选项，如图 3-56 所示。完成后单击"确定"按钮进入元件编辑区。

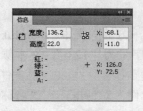

图 3-55　"信息"面板

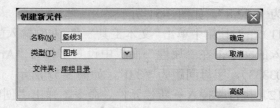

图 3-56　创建新元件"竖线 3"

（16）选择"线条工具" ，按住 Shift 键在编辑区中绘制一条灰色（#666666）的竖线。然后选择绘制的竖线，在"信息"面板中设置竖线的宽度为"0.0"，高度为"65.0"，"X"坐标值为"0.0"，"Y"的坐标值为"-32.5"，如图 3-57 所示。

（17）执行"插入→新建元件"命令，弹出"创建新元件"对话框，在"名称"文本框中输入"建筑 3"，在"类型"下拉列表中选择"图形"选项，如图 3-58 所示。完成后单击"确定"按钮进入元件编辑区。

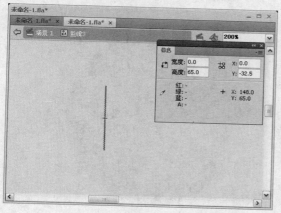

图 3-57　绘制竖线

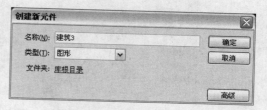

图 3-58　创建新元件"建筑 3"

（18）执行"文件→导入→导入到舞台"命令，在编辑区中导入一幅图像，如图 3-59 所示。

（19）选择编辑区中的图像，在"对齐"面板中依次单击"相对于舞台"按钮、"水平中齐"按钮和"垂直中齐"按钮，如图 3-60 所示。

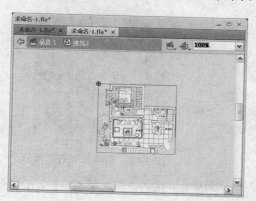

图 3-59　导入图像

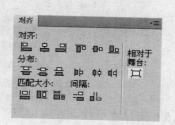

图 3-60　"对齐"面板

至此，场景 3 的图形元件创建完毕。

制作场景 4 的图形元件

（1）执行"插入→新建元件"命令，弹出"创建新元件"对话框，在"名称"文本框中输入"形状 1"，在"类型"下拉列表中选择"图形"选项，如图 3-61 所示。完成后单击"确定"按钮进入元件编辑区。

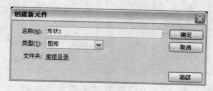

图 3-61　创建新元件"形状 1"

（2）在元件编辑区的工具箱中单击"椭圆工具" ，在"属性"面板中设置笔触颜色为"无"，填充颜色为绿色（#76B709），如图 3-62 所示。

（3）按住 Shift 键在编辑区中拖动鼠标绘制一个正圆，如图 3-63 所示。

图 3-62 "属性"面板

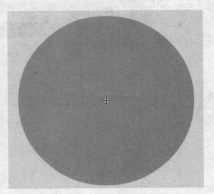

图 3-63 绘制正圆

（4）使用"选择工具" 依次选择圆的下侧部分和右侧部分，按 Delete 键删除，如图 3-64 与图 3-65 所示。

图 3-64 删除圆的下侧部分

图 3-65 删除圆的右侧部分

（5）选择该形状，在"信息"面板中设置宽度为"194.0"，高度为"216.0"，"X"坐标值为"-97.0"，"Y"坐标值为"-128.0"，如图 3-66 所示。

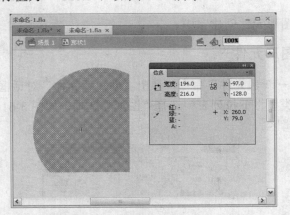

图 3-66 设置形状大小与坐标值

（6）执行"插入→新建元件"命令，弹出"创建新元件"对话框，在"名称"文本框中输入"形状2"，在"类型"下拉列表中选择"图形"选项，如图3-67所示。完成后单击"确定"按钮进入元件编辑区。

（7）选择"椭圆工具" ，按住Shift键在编辑区中拖动鼠标绘制一个无边框、填充颜色为绿色（#76B709）的正圆，如图3-68所示。

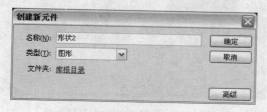

图3-67　创建新元件"形状2"　　　　　图3-68　绘制正圆

（8）在工具箱中单击"选择工具" ，选择圆的底部，如图3-69所示。然后按Delete键删除选中的部分，如图3-70所示。

（9）选中编辑区中的形状，在"信息"面板中设置形状的宽为"160.0"，高为"135.5"，"X"坐标值为"-80.0"，"Y"坐标值为"-67.8"，如图3-71所示。

图3-69　选择圆的底部　　　　　　　图3-70　删除选中部分

（10）执行"插入→新建元件"命令，弹出"创建新元件"对话框，在"名称"文本框中输入"圆形"，在"类型"下拉列表中选择"图形"选项，如图3-72所示。完成后单击"确定"按钮进入元件编辑区。

　　　　　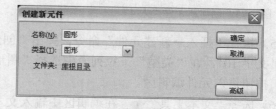

图3-71　"信息"面板　　　　　　　图3-72　创建新元件"圆形"

（11）选择"椭圆工具" ，按住Shift键在编辑区中拖动鼠标绘制一个无边框、填充颜色为绿色（#76B709）的正圆，如图3-73所示。

（12）选中编辑区中的圆形，在"信息"面板中设置圆的宽度和高度都为"110.0"，"X"坐标值与"Y"坐标值都为"-55.0"，如图3-74所示。

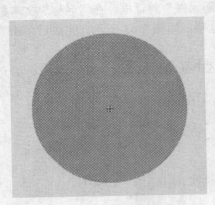

图 3-73　绘制正圆

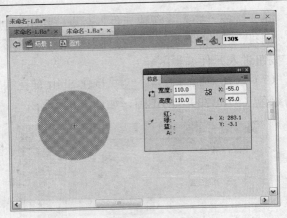

图 3-74　设置圆的大小与坐标值

（13）执行"插入→新建元件"命令，弹出"创建新元件"对话框，在"名称"文本框中输入"人 4"，在"类型"下拉列表中选择"图形"选项，如图 3-75 所示。完成后单击"确定"按钮进入元件编辑区。

（14）在元件编辑区中执行"文件→导入→导入到舞台"命令，导入一幅图像到编辑区中。然后选择编辑区中的图像，执行"窗口→对齐"命令，打开"对齐"面板，在面板中依次单击"相对于舞台"按钮 □、"水平中齐"按钮 品 和"垂直中齐"按钮 吕，如图 3-76 所示。

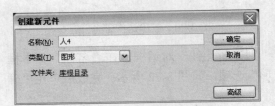

图 3-75　创建新元件"人 4"

图 3-76　导入图像

（15）执行"插入→新建元件"命令，弹出"创建新元件"对话框，在"名称"文本框中输入"文字 10"，在"类型"下拉列表中选择"图形"选项，如图 3-77 所示。完成后单击"确定"按钮进入元件编辑区。

（16）选择"文本工具" T，在编辑区中输入文本"大超市"，字体为"方正粗倩简体"，字号为"45"，文本颜色为红色（#990000），然后在"对齐"面板中设置文本相对于舞台水平居中对齐和垂直居中对齐，如图 3-78 所示。

（17）执行"插入→新建元件"命令，弹出"创建新元件"对话框，在"名称"文本框中输入"竖线 4"，在"类型"下拉列表中选择"图形"选项，如图 3-79 所示。完成后单击"确定"按钮进入元件编辑区。

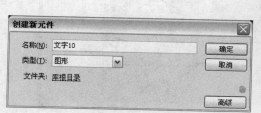

图 3-77　创建新元件"文字 10"

图 3-78　输入文本

（18）选择"线条工具" ，按住 Shift 键在编辑区中绘制一条灰色（#999999）的竖线。然后选择绘制的竖线，在"信息"面板中设置竖线的宽度为"0"，高度为"80"，"X"坐标值为"0"，"Y"的坐标值为"-40"，如图 3-80 所示。

图 3-79　创建新元件"竖线 4"

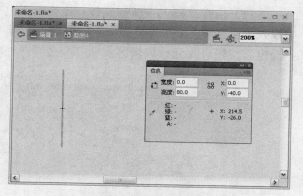

图 3-80　绘制竖线

（19）执行"插入→新建元件"命令，弹出"创建新元件"对话框，在"名称"文本框中输入"文字 11"，在"类型"下拉列表中选择"图形"选项，如图 3-81 所示。完成后单击"确定"按钮进入元件编辑区。

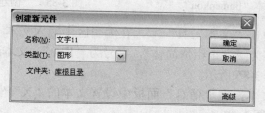

图 3-81　创建新元件"文字 11"

（20）在元件编辑区的工具箱中单击"文本工具" ，在"属性"面板中设置字体为"Arial"，字号为"25.0"，文本颜色为黄色（#996600），字母间距为"3.0"，如图 3-82 所示。

（21）在编辑区中输入文本"JIUZAI"，选择输入的文本，在"信息"面板中设置文本的"X"坐标值为"-49.4"，"Y"的坐标值为"-22.8"，如图 3-83 所示。

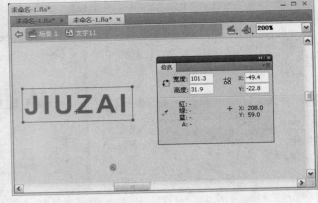

图 3-82 "属性" 面板   图 3-83 输入文本 "JIUZAI"

（22）在工具箱中单击"文本工具" **T**，在刚输入的文字下方输入文本"jiamenkou"。选择输入的文本，在"属性"面板中设置字体为"Arial"，字号为"12.0"，文本颜色为黄色（#996600），字母间距为"3.0"，如图 3-84 所示。

（23）执行"插入→新建元件"命令，弹出"创建新元件"对话框，在"名称"文本框中输入"文字 12"，在"类型"下拉列表中选择"图形"选项，如图 3-85 所示。完成后单击"确定"按钮进入元件编辑区。

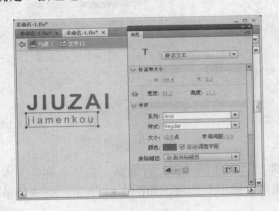

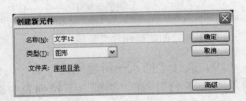

图 3-84 输入文本"jiamenkou"   图 3-85 "创建新元件"对话框

（24）在工具箱中单击"文本工具" **T**，在编辑区中输入文本"就在家门口"。在"属性"面板中设置文本字体为"方正粗倩简体"，字号为"18.0"，文本颜色为红色（#990000），字母间距为"5.0"，如图 3-86 所示。

（25）选择输入的文本，在"信息"面板中设置文本的"X"坐标值为"-59.6"，"Y"的坐标值为"-12.2"，如图 3-87 所示。

（26）执行"插入→新建元件"命令，弹出"创建新元件"对话框，在"名称"文本框中输入"建筑 4"，在"类型"下拉列表中选择"图形"选项，如图 3-88 所示。完成后单击"确定"按钮进入元件编辑区。

（27）执行"文件→导入→导入到舞台"命令，在编辑区中导入一幅图像。选中图像，在"对齐"面板中依次单击"相对于舞台"按钮 □、"水平中齐"按钮 ♣ 和"垂直中齐"按钮 ♣，如图 3-89 所示。

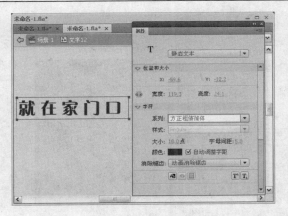

图 3-86　输入文本

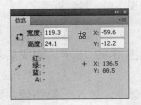

图 3-87　"信息"面板

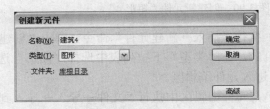

图 3-88　"创建新元件"对话框

图 3-89　导入图像

至此，场景 4 的图形元件创建完毕。

制作场景 5 的图形元件

（1）执行"插入→新建元件"命令，弹出"创建新元件"对话框，在"名称"文本框中输入"矩形 4"，在"类型"下拉列表中选择"图形"选项，如图 3-90 所示。完成后单击"确定"按钮进入元件编辑区。

（2）在元件编辑区中单击"矩形工具"　，在"属性"面板中设置笔触颜色为"无"，填充颜色为蓝色（#00659C）。在编辑区中拖动鼠标绘制一个矩形，然后在"信息"面板中设置矩形的宽度为"200.0"，高度为"300.0"，"X"坐标值为"-100.0"，"Y"坐标值为"-150.0"，如图 3-91 所示。

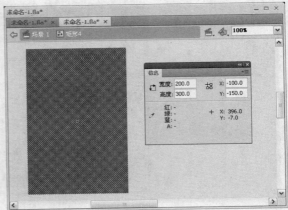

图 3-90　创建新元件"矩形 4"　　　　　　　图 3-91　绘制矩形

　　（3）执行"插入→新建元件"命令，弹出"创建新元件"对话框，在"名称"文本框中输入"人 5"，在"类型"下拉列表中选择"图形"选项，如图 3-92 所示。完成后单击"确定"按钮进入元件编辑区。

　　（4）在元件编辑区中执行"文件→导入→导入到舞台"命令，导入一幅图像，如图 3-93 所示。

图 3-92　创建新元件"人 5"　　　　　　　图 3-93　导入图像

　　（5）选择导入的图像，执行"修改→分离"命令[①]，将该位图图像打散，如图 3-94 所示。

制作说明：将导入到编辑区中的位图图像打散，可以将位图转换为矢量图块，生成多个独立的填充区域线条，从而可以编辑位图图像区域。未打散的位图图像是不可编辑的。

　　（6）使用"选择工具"分别选择图像两端的人物图像，按 Delete 键删除，留下中间部分的图形，如图 3-95 所示。

---

① 按 Ctrl+B 组合键能快速将位图图像打散。

图 3-94　打散图像

（7）执行"插入→新建元件"命令，弹出"创建新元件"对话框，在"名称"文本框中输入"人 6"，在"类型"下拉列表中选择"图形"选项，如图 3-96 所示。完成后单击"确定"按钮进入元件编辑区。

图 3-95　删除两端的人物图像　　　　　　　图 3-96　"创建新元件"对话框

（8）打开"库"面板，从中将刚导入的位图拖入到编辑区中①，并将该位图图像打散，如图 3-97 所示。

图 3-97　拖入图像

---

① 导入到 Flash 中的图像都会存储到"库"面板中。

（9）使用"选择工具"选择图形右侧的两个人物图形，如图 3-98 所示。然后按 Delete 键删除，如图 3-99 所示。

图 3-98 选择图形右侧部分

图 3-99 删除选中部分

（10）执行"插入→新建元件"命令，弹出"创建新元件"对话框，在"名称"文本框中输入"人 7"，在"类型"下拉列表中选择"图形"选项，如图 3-100 所示。完成后单击"确定"按钮进入元件编辑区。

（11）在"库"面板中再次将导入的位图拖入到编辑区中，并将该位图图像打散，然后选择图形左侧的两个人物图形，按 Delete 键删除，留下中间部分的图形，如图 3-101 所示。

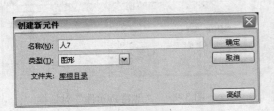
图 3-100 "创建新元件"对话框

图 3-101 删除左侧的人物图像

（12）在"时间轴"面板中新建"图层 2"，在工具箱中单击"矩形工具"![img]，在矩形工具"属性"面板中设置笔触颜色为"无"，填充颜色为"#FF8200"，在编辑区中绘制一个无边框、填充颜色为橙黄色（#FF8200）的矩形，然后将"图层 2"拖动到"图层 1"的下方，如图 3-102 所示。

（13）执行"插入→新建元件"命令，弹出"创建新元件"对话框，在"名称"文本框中输入"人 8"，在"类型"下拉列表中选择"图形"选项，如图 3-103 所示。完成后单击"确定"按钮进入元件编辑区。

（14）执行"文件→导入→导入到舞台"命令，在编辑区中导入一幅图像，然后在"属性"面板中设置"X"坐标值为"-283.5"，"Y"坐标值为"-150.0"，如图 3-104 所示。

（15）执行"插入→新建元件"命令，弹出"创建新元件"对话框，在"名称"文本框中输入"文字 13"，在"类型"下拉列表中选择"图形"选项，如图 3-105 所示。完成后单击"确定"按钮进入元件编辑区。

（16）执行"文件→导入→导入到舞台"命令，在编辑区中导入一幅图像，然后在"属性"面板中设置"X"坐标值为"-197.5"，"Y"坐标值为"-85.0"，如图 3-106 所示。

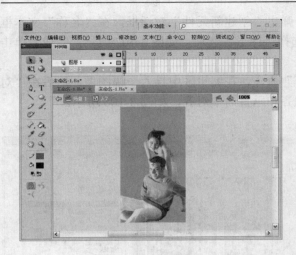

图 3-102　绘制矩形　　　　　　　　　　图 3-103　创建新元件"人 8"

图 3-104　导入图像

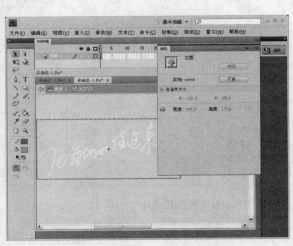

图 3-105　创建新元件"文字 13"　　　　　图 3-106　导入新图像

（17）执行"插入→新建元件"命令，弹出"创建新元件"对话框，在"名称"文本框中输入"建筑2"，在"类型"下拉列表中选择"图形"选项，如图 3-107 所示。完成后单击"确定"按钮进入元件编辑区。

（18）执行"文件→导入→导入到舞台"命令，在编辑区中导入一幅图像，然后在"对齐"面板中设置图像相对于舞台水平居中对齐和垂直居中对齐，如图 3-108 所示。

图 3-107　创建新元件"建筑 2"　　　　　图 3-108　导入图像

（19）执行"插入→新建元件"命令，弹出"创建新元件"对话框，在"名称"文本框中输入"形状 3"，在"类型"下拉列表中选择"图形"选项，如图 3-109 所示。完成后单击"确定"按钮进入元件编辑区。

（20）选择"钢笔工具"，在编辑区中勾勒出如图 3-2 所示的形状，设置填充颜色为白色，并删除笔触，在"信息"面板中设置其"宽度"为"316.1"，"高度"为"186.1"，"X"坐标值为"-158.0"，"Y"坐标值为"-93.0"，如图 3-110 所示。

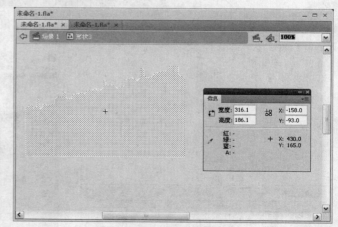

图 3-109　创建新元件"形状 3"　　　　　图 3-110　绘制形状

至此，场景 5 的图形元件创建完毕。

制作场景 6 的图形元件

（1）执行"插入→新建元件"命令，弹出"创建新元件"对话框，在"名称"文本框中输入"文字 14"，在"类型"下拉列表中选择"图形"选项，如图 3-111 所示。完成后单击"确定"按钮进入元件编辑区。

图 3-111 创建新元件"文字 14"

（2）选择"文本工具" T，在"属性"面板中设置字体为"方正粗倩简体"，字号为"40.0"，文本颜色为黑色，如图 3-112 所示。

（3）在编辑区中输入文本"长龙牧羊诗苑第二期"，选择输入的文本，在"信息"面板中设置文本的"X"坐标值为"-182.3"，"Y"坐标值为"-22.1"，如图 3-113 所示。

图 3-112 "属性"面板

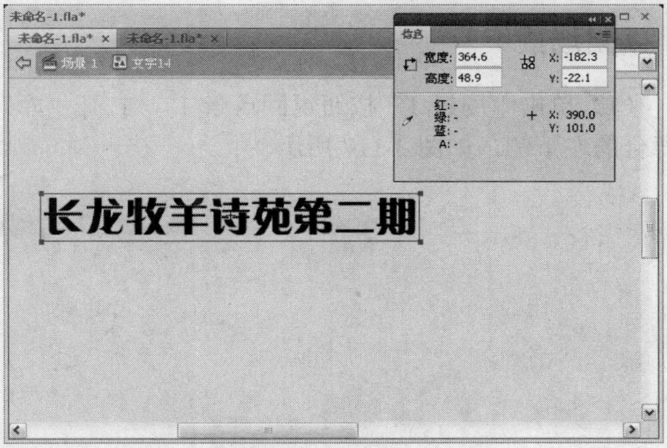

图 3-113 输入文本

这样，场景 6 的图形元件创建完毕。

制作场景 7 的图形元件

（1）执行"插入→新建元件"命令，弹出"创建新元件"对话框，在"名称"文本框中输入"标志"，在"类型"下拉列表中选择"图形"选项，如图 3-114 所示。完成后单击"确定"按钮进入元件编辑区。

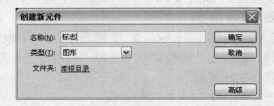

图 3-114 创建新元件"标志"

（2）执行"文件→导入→导入到舞台"命令，在编辑区中导入一幅图像，如图 3-115 所示。

（3）选择编辑区中的图像，在"对齐"面板中依次单击"相对于舞台"按钮 🔲、"水平中齐"按钮 🖧 和"垂直中齐"按钮 🖷，如图 3-116 所示。

图 3-115　导入图像

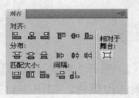

图 3-116　"对齐"面板

这样，场景 7 的图形元件创建完毕。

编辑场景 1

（1）单击"场景 1"按钮返回场景 1[①]，打开"库"面板，将"矩形 01"图形元件拖入到舞台的左下侧，如图 3-117 所示。

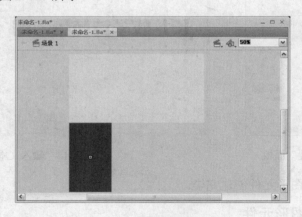

图 3-117　拖入图形元件

（2）在"时间轴"中单击选择第 8 帧，按 F6 键插入关键帧，选择场景中的元件实例，将其向左上方移动，如图 3-118 所示。

（3）分别在第 11 帧与第 14 帧处按 F6 键插入关键帧，选择第 11 帧中的元件实例，将其向上移动一段距离，如图 3-119 所示。

（4）在第 1 帧与第 8 帧之间、第 8 帧与第 11 帧之间、第 11 帧与第 14 帧之间分别任意选择一帧，单击鼠标右键，在弹出的快捷菜单中选择"创建传统补间"命令，即可在这几帧之间创建补间动画，如图 3-120 所示。

---

① 场景 1 即 Flash 创建的默认场景。

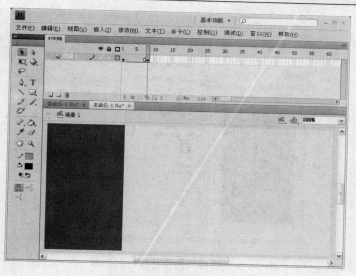

图 3-118 向左上移动矩形

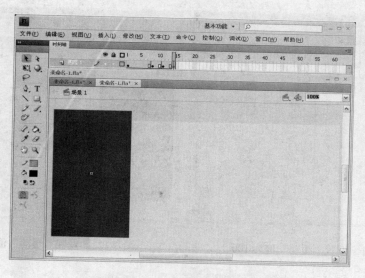

图 3-119 向上移动矩形

（5）在第 8 帧到第 11 帧之间任意选择一帧，在"属性"面板上的"缓动"文本框中输入"100"，如图 3-121 所示。

（6）在第 11 帧到第 14 帧之间任意选择一帧，在"属性"面板上的"缓动"文本框中输入"-100"，如图 3-122 所示。

制作说明："缓动"值是用来设置动画的快慢速度。其值为-100～100，可以在文本框中直接输入数字来调整大小。在第 8 帧到第 11 帧之间设置"缓动"值为 100，表示动画先快后慢，在第 11 帧到第 14 帧之间设置"缓动"值为-100，表示动画先慢后快。其间的数字按照-100 到 100 的变化趋势逐渐变化。

（7）分别在"时间轴"的第 71 帧和第 75 帧处按 F6 键插入关键帧，选择第 75 帧处的元件实例，将其向下移动一段距离，如图 3-123 所示。

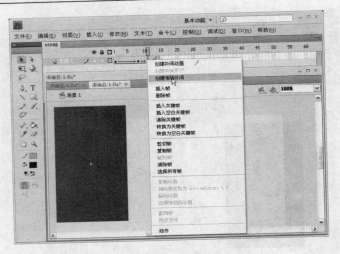

图 3-120　选择"创建传统补间"命令

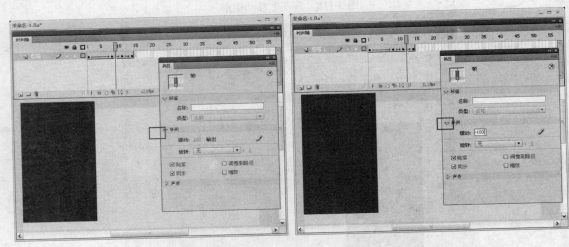

图 3-121　设置"缓动"值为 100　　　　　　图 3-122　设置"缓动"值为-100

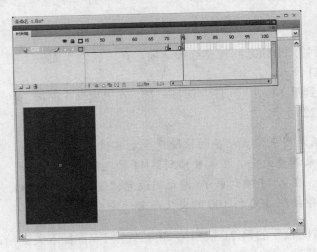

图 3-123　移动矩形

（8）在"时间轴"上的第 81 帧处按 F6 键插入关键帧，选择该帧处的元件实例，将其向下移动到舞台的下方，然后在"属性"面板的"样式"下拉列表中选择"Alpha"选项，设置 Alpha 值为"0"，如图 3-124 所示。

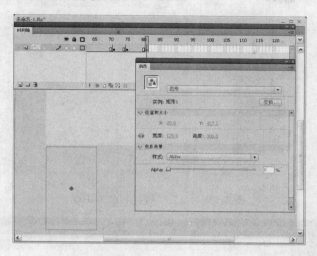

图 3-124 设置 Alpha 值

（9）在第 71 帧与第 75 帧之间创建补间动画，然后在"属性"面板上的"缓动"文本框中输入"-100"，如图 3-125 所示。

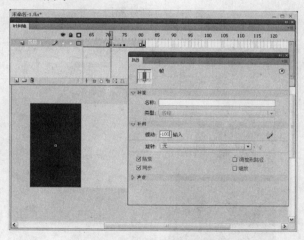

图 3-125 设置"缓动"值为-100

（10）在第 75 帧到第 81 帧之间创建补间动画，然后在"属性"面板上的"缓动"文本框中输入"100"，如图 3-126 所示。

（11）在"时间轴"面板中锁定"图层 1"，单击"新建图层" 按钮新建"图层 2"，如图 3-127 所示。

（12）选择"图层 2"的第 14 帧，按 F6 键插入关键帧，在"库"面板中将"人物 1"图形元件拖入到舞台中，如图 3-128 所示。

（13）分别在"图层 2"的第 18 帧、第 21 帧和第 24 帧处按 F6 键插入关键帧，如图 3-129 所示。

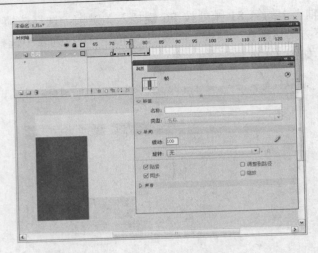

图 3-126 设置"缓动"值为 100

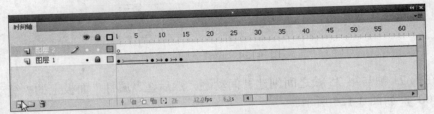

图 3-127 新建图层

图 3-128 拖入图形元件

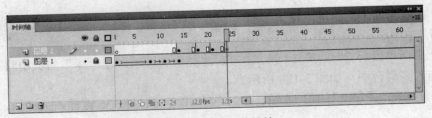

图 3-129 插入关键帧

（14）选择"图层 2"第 14 帧处的元件实例，在"属性"面板的"样式"下拉列表中选择"亮度"选项，并设置"亮度"值为"100%"，如图 3-130 所示。

图 3-130　设置"亮度"值

（15）选择"图层 2"第 21 帧处的元件实例，然后在"属性"面板的"样式"下拉列表中选择"Alpha"选项，设置 Alpha 值为"45%"，如图 3-131 所示。

图 3-131　设置 Alpha 值

（16）在"图层 2"的第 14 帧到第 18 帧之间创建补间动画，然后在"属性"面板上的"缓动"文本框中输入"100"，如图 3-132 所示。

（17）在"图层 2"的第 18 帧到第 21 帧之间创建补间动画，然后在"属性"面板上的"缓动"文本框中输入"-100"，如图 3-133 所示。

图 3-132 设置"缓动"值为 100

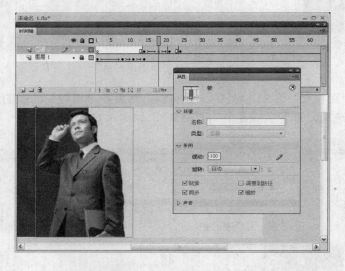

图 3-133 设置"缓动"值为-100

（18）在"图层 2"的第 21 帧到第 24 帧之间创建补间动画，在"属性"面板上的"缓动"文本框中输入"100"。然后分别在"图层 2"的第 71 帧、第 75 帧、第 81 帧处按 F6 键插入关键帧，如图 3-134 所示。

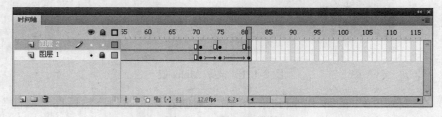

图 3-134 插入关键帧

（19）选择"图层 2"第 75 帧处的图形元件，将其向左移动一段距离，如图 3-135 所示。

图 3-135 在第 75 帧移动图形元件

（20）选择第 81 帧处的图形元件，将其向左移动到舞台的左侧之外，如图 3-136 所示。

图 3-136 在第 81 帧移动图形元件

（21）分别在"图层 2"的第 71 帧与第 75 帧之间、第 75 帧与第 81 帧之间创建补间动画。然后在"时间轴"面板中锁定"图层 2"，单击"新建图层" 按钮新建"图层 3"，如图 3-137 所示。

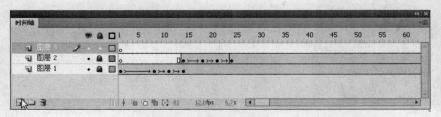

图 3-137 新建图层

（22）在"图层 3"的第 24 帧处按 F6 键插入关键帧，然后将"库"面板中的"文字 1"图形元件拖入到舞台中，如图 3-138 所示。

图 3-138　拖入图形元件

（23）分别在"图层 3"的第 29 帧、第 32 帧与第 35 帧处按 F6 键插入关键帧，如图 3-139 所示。

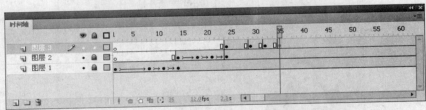

图 3-139　插入关键帧

（24）选择第 24 帧处的图形元件，在工具箱中单击"任意变形工具"，将图形元件进行如图 3-140 所示的压缩。

（25）保持第 24 帧处图形元件的选中状态，在"属性"面板上的"颜色"下拉列表中选择"Alpha"选项，将"Alpha"值设置为"0"，如图 3-141 所示。

图 3-140　压缩图形

图 3-141　"设置 Alpha"值

（26）选择"图层 3"第 32 帧处的图形元件，在工具箱中单击"任意变形工具"，将图形元件进行如图 3-142 所示的拉伸。

图 3-142　拉伸图形

（27）分别在"图层 3"的第 24 帧与第 29 帧之间、第 29 帧与第 32 帧之间、第 32 帧与第 35 帧之间创建补间动画，如图 3-143 所示。

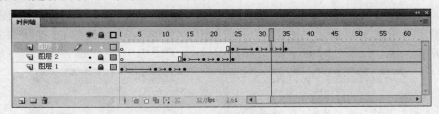

图 3-143　创建补间动画

（28）分别在"图层 3"的第 71 帧、第 75 帧与第 81 帧处按 F6 键插入关键帧，选择第 75 帧处的图形元件，将其向上移动，如图 3-144 所示。

图 3-144　向上移动图形元件

（29）选择"图层 3"第 81 帧处的图形元件，将其向上移动到舞台之外，如图 3-145 所示。

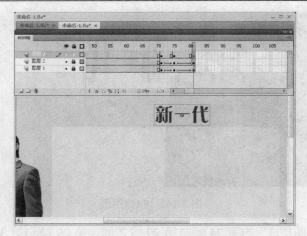

图 3-145　移动图形元件到舞台之外

（30）分别在"图层 3"的第 71 帧与第 75 帧之间、第 75 帧与第 81 帧之间创建补间动画。然后锁定"图层 3"，新建"图层 4"。在"图层 4"的第 35 帧处按 F6 键插入关键帧，如图 3-146 所示。

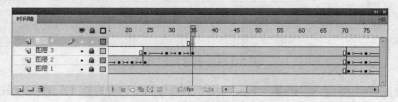

图 3-146　在第 35 帧处插入关键帧

（31）选择"图层 4"的第 35 帧，将"库"面板中的"竖线 1"图形元件拖入到舞台中，如图 3-147 所示。

图 3-147　拖入图形元件

（32）在"图层 4"的第 40 帧处按 F6 键插入关键帧，将该帧处的图形元件向下移动，如图 3-148 所示。

图 3-148　在第 40 帧移动图形元件

（33）在"图层 4"的第 35 帧与第 40 帧之间创建补间动画，然后分别在"图层 4"的第 71 帧、第 75 帧与第 81 帧处按 F6 键插入关键帧，如图 3-149 所示。

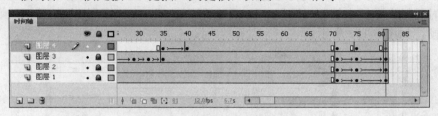

图 3-149　插入关键帧

（34）选择"图层 4"第 75 帧处的图形元件，将其向上移动，如图 3-150 所示。

图 3-150　在第 75 帧移动图形元件

（35）选择"图层 4"第 81 帧处的图形元件，将其向上移动到舞台之外，然后在"属性"面板中设置"样式"为"Alpha"，Alpha 值为"0"，如图 3-151 所示。

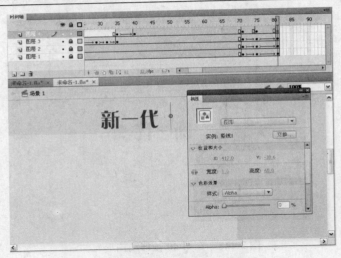

图 3-151 设置"Alpha"值

（36）在"图层 4"的第 71 帧与第 75 帧之间、第 75 帧与第 81 帧之间创建补间动画，然后在"时间轴"面板中锁定"图层 4"，新建"图层 5"。在"图层 5"的第 35 帧处按 F6 键插入关键帧，如图 3-152 所示。

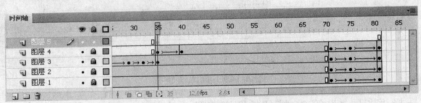

图 3-152 插入关键帧

（37）选择"图层 5"的第 35 帧，将"库"面板中的"文字 2"图形元件拖入到舞台中，如图 3-153 所示。

图 3-153 拖入图形元件

（38）选中拖入的图形元件，在"属性"面板上的"样式"下拉列表中选择"Alpha"选项，并将"Alpha"值设置为"0"，如图3-154所示。

（39）在"图层5"的第45帧处按F6键插入关键帧，选择该帧处的图形元件，将其向左移动，如图3-155所示。

图3-154 设置"Alpha"值

图3-155 在第45帧移动图形元件

（40）选择第45帧处的图形元件，在"属性"面板上的"样式"下拉列表中选择"无"选项，如图3-156所示。然后在第40帧和第45帧之间创建补间动画。

（41）分别在"图层5"的第71帧、第75帧与第81帧处按F6键插入关键帧，选择第75帧处的图形元件，将其向下移动，如图3-157所示。

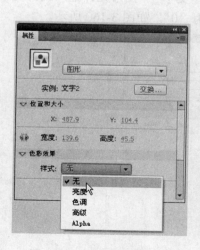

图3-156 选择"无"选项

图3-157 在第75帧移动图形元件

（42）选择"图层5"第81帧处的图形元件，将其向右移动到舞台之外，然后在"属性"面板中设置"样式"为"Alpha"，"Alpha"值为"0"，如图3-158所示。

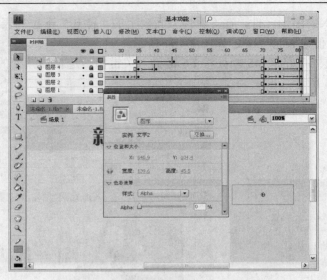

图 3-158 移动图形元件到舞台之外

（43）分别在"图层 5"的第 71 帧与第 75 帧之间、第 75 帧与第 81 帧之间创建补间动画，在"时间轴"面板中锁定"图层 5"，新建"图层 6"。在"图层 6"的第 40 帧处按 F6 键插入关键帧，如图 3-159 所示。

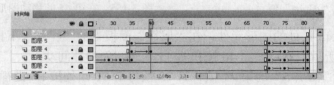

图 3-159 插入关键帧

（44）选择"图层 6"的第 40 帧，将"库"面板中的"文字 3"图形元件拖入到舞台中，并在"属性"面板中设置"样式"为"Alpha"，Alpha 值为"0"，如图 3-160 所示。

图 3-160 拖入图形元件

（45）在"图层6"的第50帧处按F6键插入关键帧，选择该帧处的图形元件，在"属性"面板中设置"样式"为"无"，并在"图层6"的第45帧和第50帧之间创建补间动画，如图3-161所示。

图3-161　创建补间动画

（46）分别在"图层6"的第71帧、第75帧与第81帧处插入关键帧，选择第75帧处的图形元件，将其向右移动，如图3-162所示。

图3-162　移动图形元件

（47）在"图层6"中选择第81帧处的图形元件，将其向右移动到舞台之外，并在"属性"面板中设置"样式"为"Alpha"，"Alpha"值为"0"，如图3-163所示。

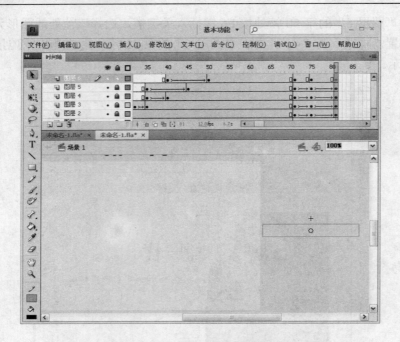

图 3-163　移动图形元件至舞台之外

（48）分别在"图层 6"的第 71 帧与第 75 帧之间、第 75 帧与第 81 帧之间创建补间动画。在"时间轴"面板中新建"图层 7"，在"图层 7"的第 50 帧处按 F6 键插入关键帧，然后将"库"面板中的"建筑 1"图形元件拖入到舞台中，如图 3-164 所示。

图 3-164　拖入图形元件

（49）分别在"图层 7"的第 55 帧、第 58 帧和第 61 帧处插入关键帧，选择第 50 帧处的图形元件，将其"Alpha"值设置为"0"，然后执行"修改→变形→缩放和旋转"命令，打开"缩放和旋转"对话框①，在"缩放"文本框中输入"500"，如图 3-165 所示。完成后单击"确定"按钮。

（50）在第 50 帧与第 55 帧之间创建补间动画，选择第 58 帧处的图形元件，在"属性"面板中设置"样式"为"亮度"，值为"100%"。然后打开"缩放和旋转"对话框，在"缩放"文本框中输入"120"，如图 3-166 所示。完成后单击"确定"按钮。

 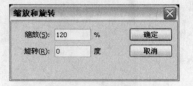

图 3-165　"缩放"为 500%　　　　　　图 3-166　"缩放"为 120%

（51）分别在"图层 7"的第 55 帧与第 58 帧之间、第 58 与第 61 帧之间创建补间动画，然后在"图层 7"的第 71 帧、第 75 帧和第 81 帧处插入关键帧，如图 3-167 所示。

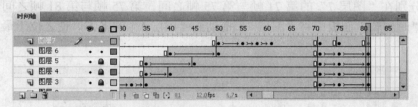

图 3-167　插入关键帧

（52）选择"图层 7"第 75 帧处的图形元件，将其向下移动，如图 3-168 所示。

图 3-168　移动图形元件

（53）选择"图层 7"第 81 帧处的图形元件，将其移动到舞台的下方，然后在"属性"面板中将其"Alpha"值设置为"0"，如图 3-169 所示。

---

① 按 Ctrl+Alt+S 组合键能快速打开"缩放和旋转"对话框。

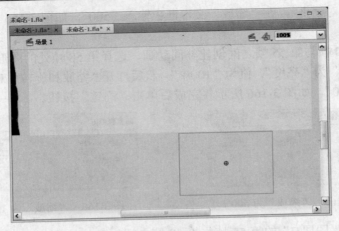

图 3-169　移动图形元件至舞台之外

（54）分别在"图层 7"的第 71 帧与第 75 帧之间、第 75 帧与第 81 帧之间创建补间动画，然后在"时间轴"面板中将"图层 7"拖动到"图层 1"的下方，使之位于最底层，如图 3-170 所示。

图 3-170　拖动图层

（55）新建"图层 8"，然后选择"图层 8"的第 1 帧，执行"文件→导入→导入到库"命令，在打开的"导入到库"对话框中选择一个声音文件，如图 3-171 所示。完成后单击"打开"按钮。

（56）选择"图层 8"的任意一帧，在"属性"面板"声音"区域的"名称"下拉列表中选择导入的声音文件，在"同步"中依次设置为"数据流"、"重复"、"7"，如图 3-172 所示。

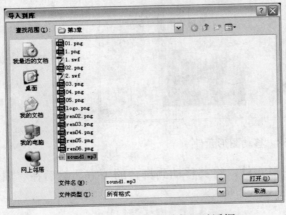

图 3-171　"导入到库"对话框

图 3-172　"属性"面板

制作说明：因为本例需要制作 7 个场景，将声音的"重复"设置为"7"就可以确保每个场景都有音乐播放。

至此，场景 1 编辑完毕。

编辑场景 2

（1）执行"窗口→设计面板→场景"命令，打开"场景"面板，在"场景"面板中单击"添加场景" 📇 按钮新建场景 2，如图 3-173 所示。

（2）进入场景 2 中，打开"库"面板，将"矩形 2"图形元件拖入舞台中，如图 3-174 所示的位置。

图 3-173　"场景"面板　　　　　图 3-174　拖入图形元件

（3）分别在"图层 1"的第 7 帧、第 10 帧和第 13 帧处按 F6 键插入关键帧，选择第 1 帧处的图形元件，在"属性"面板中设置其"Alpha"值为"0"，如图 3-175 所示

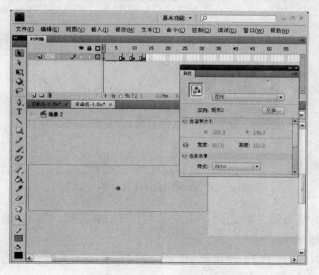

图 3-175　设置"Alpha"值

（4）分别选择第 7 帧和第 13 帧处的图形元件，将其向右移动，使之位于舞台中央，如图 3-176 所示。

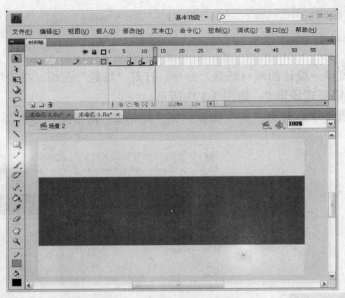

图 3-176　在第 13 帧移动图形元件

（5）选择第 10 帧处的图形元件，将其向右移动，如图 3-177 所示。

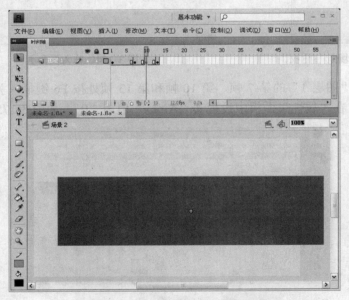

图 3-177　在第 10 帧移动图形元件

（6）分别在第 1 帧与第 7 帧之间、第 7 帧与第 10 帧之间、第 10 帧与第 13 帧之间创建补间动画，如图 3-178 所示。

（7）分别在第 70 帧、第 74 帧和第 80 帧处按 F6 键插入关键帧，选择第 74 帧处的图形元件，将其向右移动，如图 3-179 所示。

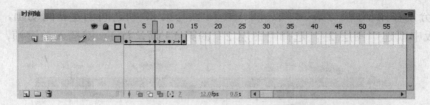

图 3-178 建补间动画

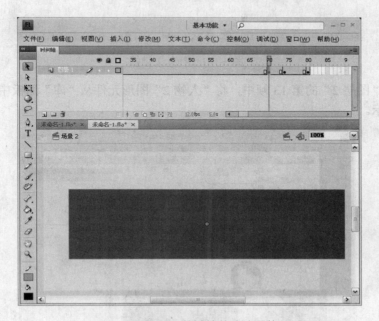

图 3-179 插入关键帧并移动元件

（8）选择第 80 帧处的图形元件，将其向右移动到舞台之外，并设置其"Alpha"值为"0"，如图 3-180 所示。

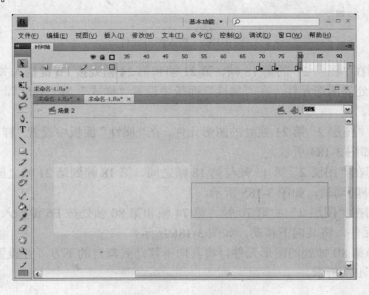

图 3-180 移动图形元件

（9）分别在第 70 帧与第 74 帧之间、第 74 帧与第 80 帧之间创建补间动画，然后在"时间轴"面板中新建"图层 2"，选择"图层 2"的第 13 帧，按 F6 键插入关键帧，如图 3-181 所示。

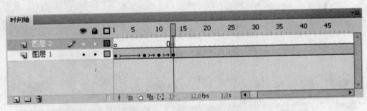

图 3-181　插入关键帧

（10）在"图层 2"的第 13 帧中，将"人物 2"图形元件从"库"面板中拖入到舞台上，如图 3-182 所示。

图 3-182　拖入图形元件

（11）分别在"图层 2"的第 18 帧、第 21 帧和第 24 帧处按 F6 键插入关键帧，选择"图层 2"第 13 帧处的图形元件，在"属性"面板中设置"样式"为"亮度"，值为"100%"，如图 3-183 所示。

（12）选择"图层 2"第 21 帧处的图形元件，在"属性"面板中设置"样式"为"Alpha"，值为"40%"，如图 3-184 所示。

（13）分别在"图层 2"第 13 帧与第 18 帧之间、第 18 帧到第 21 帧之间、第 21 帧与第 24 帧之间创建补间动画，如图 3-185 所示。

（14）分别在"图层 2"的第 70 帧、第 74 帧和第 80 帧处按 F6 键插入关键帧，选择第 74 帧处的图形元件，将其向下移动，如图 3-186 所示。

（15）选择第 80 帧处的图形元件，将其向下移动到舞台的下方，并设置其"Alpha"值为"0"，如图 3-187 所示。

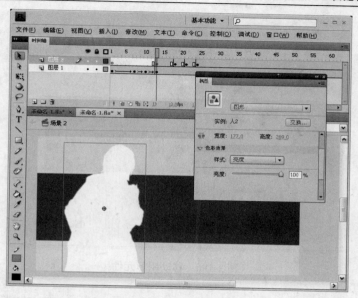

图 3-183　设置亮度值

图 3-184　设置"Alpha"值

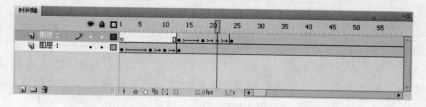

图 3-185　创建补间动画

图 3-186 移动图形元件

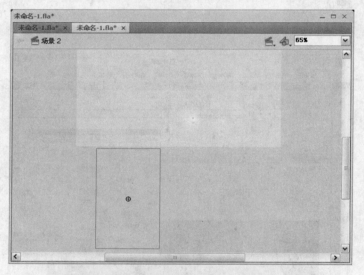

图 3-187 移动图形元件至舞台下方

（16）分别在"图层 2"第 70 帧与第 74 帧之间、第 74 帧与第 80 帧之间创建补间动画。将"图层 1"与"图层 2"锁定，新建"图层 3"。选择"图层 3"的第 24 帧，按 F6 键插入关键帧，如图 3-188 所示。

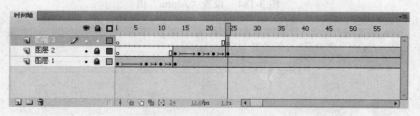

图 3-188 插入关键帧

（17）将"文字 4"图形元件从"库"面板中拖入到舞台上，然后分别在"图层 3"的第 29 帧、第 32 帧和第 35 帧处插入关键帧，如图 3-189 所示。

图 3-189　拖入图形元件

（18）选择第 24 帧处的图形元件，在工具箱中单击"任意变形工具" ，将图形元件进行如图 3-190 所示的压缩。然后在"属性"面板上的"颜色"下拉列表中选择"Alpha"选项，将"Alpha"值设置为"0"。

（19）选择"图层 3"第 32 帧处的图形元件，在工具箱中单击"任意变形工具" ，将图形元件进行如图 3-191 所示的拉伸。

图 3-190　压缩图形

图 3-191　拉伸图形

（20）分别在"图层 3"的第 24 帧与第 29 帧之间、第 29 帧与第 32 帧之间、第 32 帧与第 35 帧之间创建补间动画。然后在"图层 3"的第 70 帧、第 74 帧和第 80 帧处按 F6 键插入关键帧，选择第 74 帧处的图形元件，将其向上移动，如图 3-192 所示。

（21）选择"图层 3"第 80 帧处的图形元件，将其向上移动到舞台之外，并将其"Alpha"值为设置为"0"，如图 3-193 所示。

（22）分别在"图层 3"第 70 帧与第 74 帧之间、第 74 帧与第 80 帧之间创建补间动画，然后在"时间轴"面板中锁定"图层 3"，新建"图层 4"。在该图层的第 35 帧处插入关键帧，将"库"面板中的"竖线 2"图形元件拖入舞台中，如图 3-194 所示。

图 3-192　移动图形元件

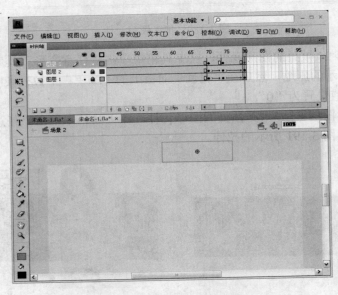

图 3-193　设置"Alpha"值

（23）在"图层 4"的第 40 帧处插入关键帧，选择该帧处的图形元件，将其向下移动，然后在第 35 帧与第 40 帧之间创建补间动画，如图 3-195 所示。

（24）分别在"图层 4"的第 70 帧、第 74 帧和第 80 帧处按 F6 键插入关键帧，将第 74 帧处的图形元件向上移动，然后将第 80 帧处的图形元件向上移动到舞台之外，并设置其"Alpha"值为"0"，如图 3-196 所示。

（25）分别在"图层 4"第 70 帧与第 74 帧之间、第 74 帧与第 80 帧之间创建补间动画，然后在"时间轴"面板中锁定"图层 4"，新建"图层 5"。在该图层的第 40 帧处插入关键帧，将"库"面板中的"文字 5"图形元件拖入舞台中，如图 3-197 所示。

图 3-194　拖入图形元件

图 3-195　创建补间动画

（26）将拖入的图形元件的"Alpha"值设置为"0"，然后第 45 帧处按 F6 键插入关键帧，将该帧处的图形元件向左移动，并在"属性"面板中将"样式"设置为"无"，如图 3-198 所示。

（27）在第 40 帧与第 45 帧之间创建补间动画，然后分别在"图层 5"的第 70 帧、第 74 帧和第 80 帧处插入关键帧，选择第 74 帧处的图形元件，将其向右移动，如图 3-199 所示。

（28）选择"图层 5"第 80 帧处的图形元件，将其向右移动到舞台之外，并设置"Alpha"值为"0"，如图 3-200 所示。

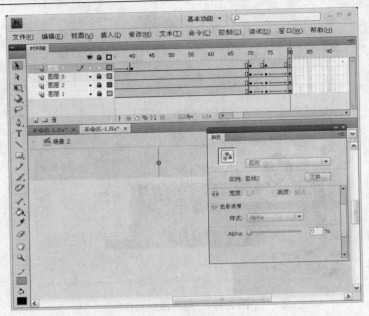

图 3-196　移动图形元件

图 3-197　拖入图形元件

（29）分别在"图层 5"第 70 帧与第 74 帧之间、第 74 帧与第 80 帧之间创建补间动画，然后在"时间轴"面板中锁定"图层 5"，新建"图层 6"。在该图层的第 45 帧处插入关键帧，将"库"面板中的"文字 6"图形元件拖入舞台上，并设置其"Alpha"值为"0"，如图 3-201 所示。

（30）在"图层 6"第 50 帧处按 F6 键插入关键帧，选择该帧的图形元件，在"属性"面板中设置"样式"为"无"，然后在第 45 帧与到第 50 帧之间创建补间动画，如图 3-202 所示。

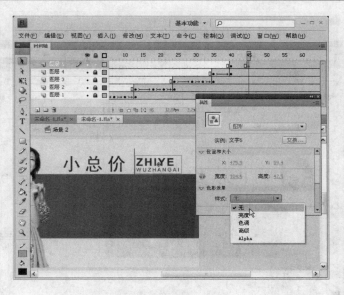

图 3-198　设置"样式"为"无"

图 3-199　向右移动图形元件

图 3-200　移动图形元件至舞台之外

图 3-201　拖入图形元件

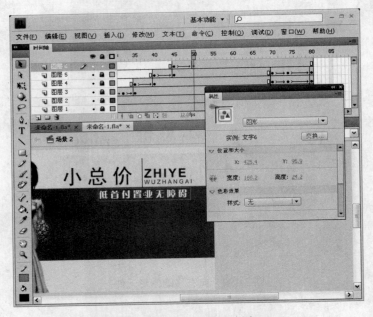

图 3-202　创建补间动画

（31）分别在"图层 6"的第 70 帧、第 74 帧和第 80 帧处插入关键帧，选择第 74 帧处的图形元件，将其向右移动，如图 3-203 所示。

（32）在"图层 6"中选择第 80 帧处的图形元件，将其向右移动到舞台之外，并在"属性"面板中设置"Alpha"值为"0"，如图 3-204 所示。

（33）分别在"图层 6"的第 71 帧与第 74 帧之间、第 74 帧与第 80 帧之间创建补间动画，如图 3-205 所示。

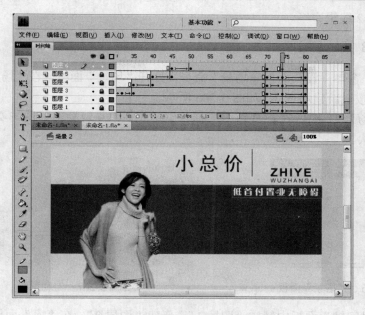

图 3-203　移动图形元件

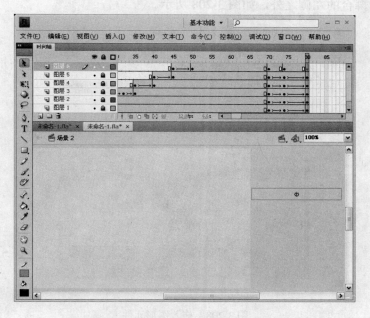

图 3-204　移动图形元件至舞台之外

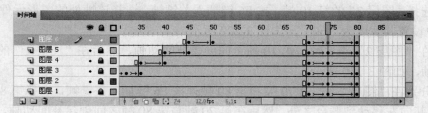

图 3-205　创建补间动画

至此，场景 2 编辑完毕。

编辑场景 3

（1）执行"窗口→设计面板→场景"命令，打开"场景"面板，在"场景"面板中单击"添加场景" ▢ 按钮新建场景 3，如图 3-206 所示。

（2）进入场景 3 中，在工具箱中选择"钢笔工具" ▢ 勾勒出如图 3-207 所示的黄色（#FF8200）形状。

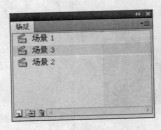

图 3-206 "场景"面板

图 3-207 勾勒形状

（3）在"时间轴"面板中锁定"图层 1"，新建"图层 2"，在"库"面板中将"矩形 3"图形元件拖入到舞台的左侧之外，如图 3-208 所示。

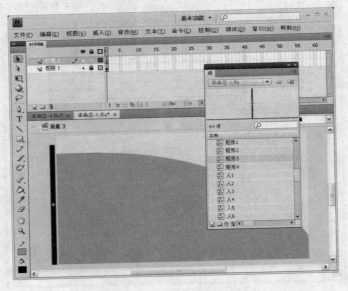

图 3-208 拖入图形元件

（4）选择"图层 2"的第 10 帧，按 F6 键插入关键帧，选择该帧处的图形元件，在在"属性"面板中设置其宽度为"600"，如图 3-209 所示。

（5）在"图层 2"第 1 帧与第 10 帧之间创建补间动画，然后在"图层 1"的第 80 处按 F5 键插入帧，如图 3-210 所示。

（6）分别在"图层 2"的第 70 帧和第 80 帧处按 F6 键插入关键帧，选择第 80 帧处的图形元件，将其向左移动到舞台之外，然后在第 70 帧与第 80 帧之间创建补间动画，如图 3-211 所示。

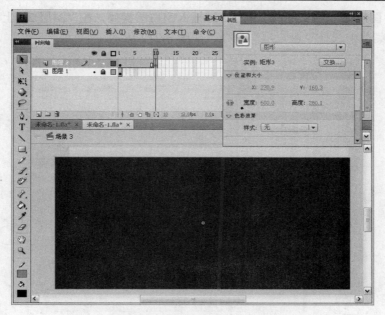

图 3-209 设置图形元件的宽度

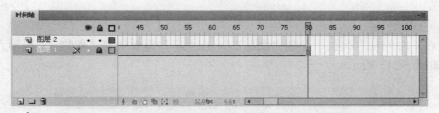

图 3-210 插入帧

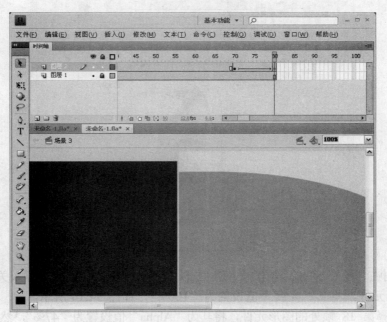

图 3-211 移动图形元件

（7）在"图层 2"的第 11 帧处按 F7 键插入空白关键帧，在"图层 2"上单击鼠标右键，在弹出的快捷菜单中选择"遮罩层"命令，如图 3-212 所示。

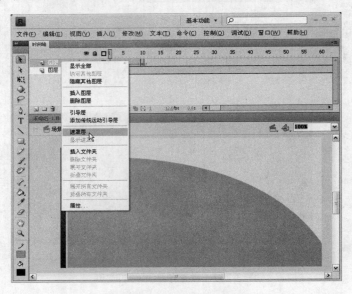

图 3-212　选择"遮罩层"命令

（8）在"时间轴"面板中新建"图层 3"，在"库"面板中将"人物 3"图形元件拖入到舞台中，如图 3-213 所示。

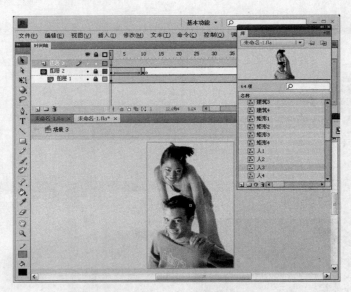

图 3-213　拖入图形元件

（9）分别在"图层 3"的第 10 帧、第 15 帧、第 18 帧和第 21 帧处插入关键帧，选择第 10 帧处的图形元件，将其"亮度"值设置为"100%"，如图 3-214 所示。

（10）选择第 18 帧处的图形元件，将其为"Alpha"值设置为"47%"，然后分别在第 10 帧与第 15 帧、第 15 帧与第 18 帧之间、第 18 帧与第 21 帧之间创建补间动画，如图 3-215 所示。

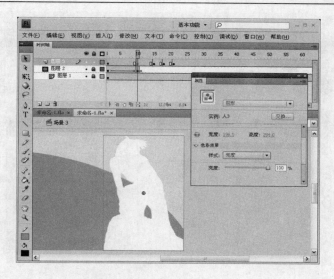

图 3-214 设置"亮度"值

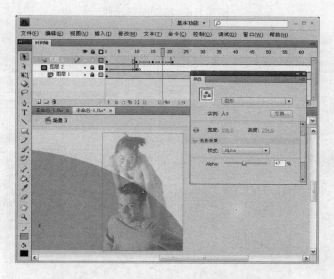

图 3-215 创建补间动画

（11）在"图层 3"的第 70 帧、第 74 帧和第 80 帧处插入关键帧，选择第 74 帧处的图形元件，将其向下移动，选择第 80 帧处的图形元件，将其向下移动到舞台之外，并设置其"Alpha"值为"0"，如图 3-216 所示。

（12）分别在"图层 3"的第 70 帧与第 74 帧之间、第 74 帧到第 80 帧之间创建补间动画，然后在"时间轴"面板中锁定"图层 3"。新建"图层 4"，在第 21 帧处插入关键帧，将"库"面板中的"文字 7"图形元件拖入舞台上，如图 3-217 所示。

（13）分别在"图层 4"的在第 25 帧、第 28 帧和第 31 帧处插入关键帧，选择第 21 帧处的图形元件，在工具箱中单击"任意变形工具" ，将图形元件进行如图 3-218 所示的压缩。然后在"属性"面板上的"颜色"下拉列表中选择"Alpha"选项，将"Alpha"值设置为"0"。

（14）选择"图层 4"第 28 帧处的图形元件，在工具箱中单击"任意变形工具" ，将图形元件进行如图 3-219 所示的拉伸。

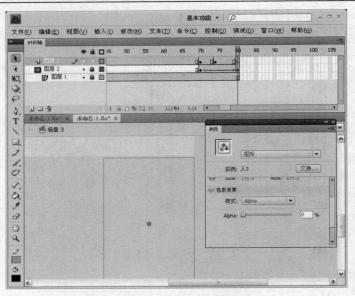

图 3-216　移动图形元件

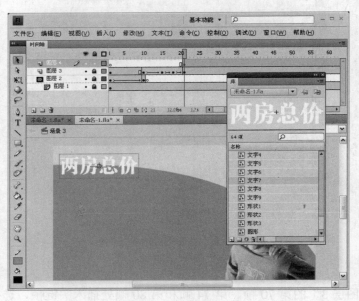

图 3-217　拖入图形元件

图 3-218　压缩图形

图 3-219　拉伸图形

（15）分别在"图层 4"的第 21 帧与第 25 帧之间、第 25 帧与第 28 帧之间、第 28 帧与第 31 帧之间创建补间动画。然后在"图层 4"的第 70 帧、第 74 帧和第 80 帧处按 F6 键插入关键帧，如图 3-220 所示。

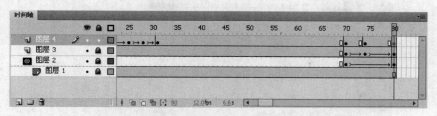

图 3-220　创建补间动画并插入关键帧

（16）选择第 74 帧处的图形元件，将其向左移动，选择第 80 帧处的图形元件，将其向左移动到舞台之外，并将其"Alpha"值为设置为"0"，如图 3-221 所示。

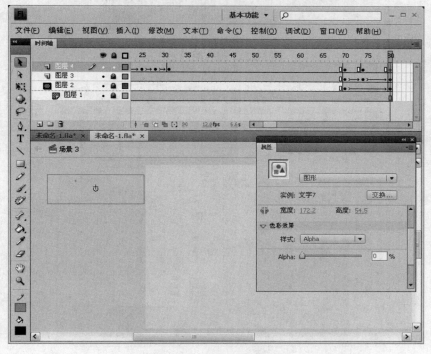

图 3-221　设置"Alpha"值

（17）分别在"图层 4"第 70 帧与第 74 帧之间、第 74 帧与第 80 帧之间创建补间动画，然后在"时间轴"面板中锁定"图层 4"。新建"图层 5"，在第 31 帧处插入关键帧，将"库"面板中的"竖线 3"图形元件拖入舞台中，如图 3-222 所示。

（18）将第 31 帧处的图形元件的"Alpha"值设置为"0"，在"图层 5"的第 35 帧处插入关键帧，将该帧处的图形元件向下移动，并将其"样式"设置为"无"，如图 3-223 所示。

（19）在"图层 5"的第 31 帧与第 35 帧之间创建补间动画，然后在第 70 帧和第 80 帧处插入关键帧，选择第 80 帧处的图形元件，将其向上移动到舞台之外，并在第 70 帧和第 80 帧之间创建补间动画，如图 3-224 所示。

图 3-222　拖入图形元件

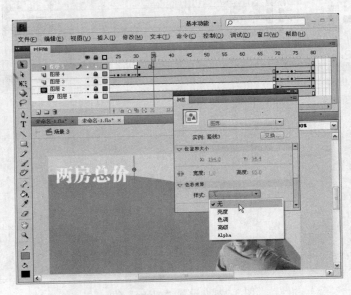

图 3-223　设置样式

（20）锁定"图层 5"，新建"图层 6"。在"图层 6"第 35 帧处插入关键帧，在"库"面板中将"文字 8"图形元件拖入到舞台上，并将该图形元件的"Alpha"值设置为"0"，如图 3-225 所示。

（21）在"图层 6"的第 40 帧处插入关键帧，将该帧处的图形元件向左移动，并将其"样式"设置为"无"，然后在第 35 帧与第 40 帧处创建补间动画，如图 3-226 所示。

（22）分别在"图层 6"的第 70 帧、第 74 帧和第 80 帧处插入关键帧，选择第 74 帧处的图形元件，将其向右移动，如图 3-227 所示。

（23）选择第 80 帧处的图形元件，将其移动到舞台之外，并设置其"Alpha"值为"0"，如图 3-228 所示。

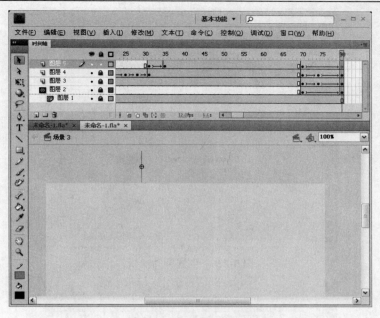

图 3-224　创建补间动画

图 3-225　拖入图形元件

　　（24）在"图层 6"的第 70 帧与第 74 帧之间、第 74 帧到第 80 帧之间创建补间动画。锁定"图层 6"，新建"图层 7"，在该图层第 40 帧处插入关键帧，在"库"面板中将"文字 9"图形元件拖入到舞台上，并设置其"Alpha"值为"0"，如图 3-229 所示。

　　（25）在"图层 7"的第 45 帧处插入关键帧，将该帧处的图形元件向左移动，并将其"样式"设置为"无"，然后在第 40 帧与第 45 帧之间创建补间动画，如图 3-230 所示。

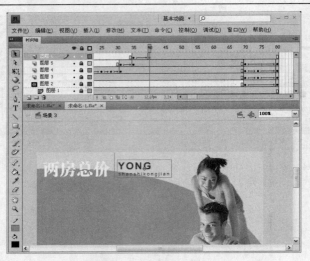

图 3-226　创建补间动画

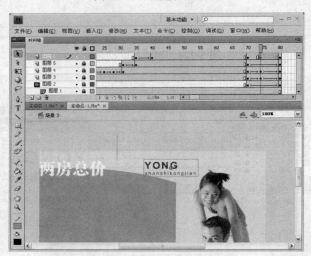

图 3-227　移动图形元件

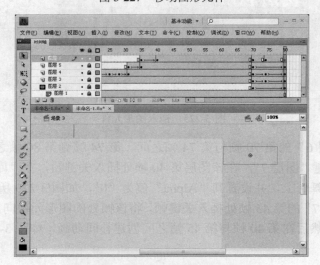

图 3-228　移动图形元件到舞台之外

图 3-229 拖入图形元件

图 3-230 创建补间动画

（26）分别在"图层 7"的第 70 帧、第 74 帧和第 80 帧处插入关键帧，选择第 74 帧处的图形元件，将其向右移动，选择第 80 帧处的图形元件，将其向右移动到舞台之外，并在"属性"面板中设置"Alpha"值为"0"，如图 3-231 所示。

（27）分别在"图层 7"的第 71 帧与第 74 帧之间、第 74 帧与第 80 帧之间创建补间动画，并锁定"图层 7"。新建"图层 8"，在第 45 帧处插入关键帧，将"库"面板中的"建筑 3"图形元件拖入到舞台的左侧之外，并将其"Alpha"值设置为"0"，如图 3-232 所示。

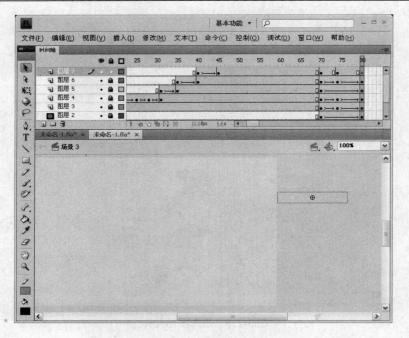

图 3-231 移动图形元件

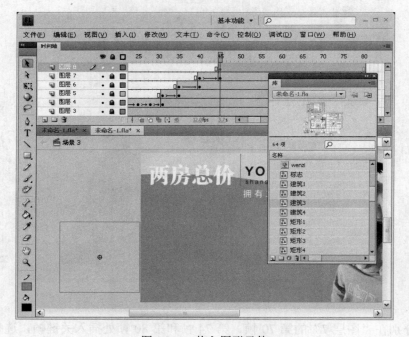

图 3-232 拖入图形元件

（28）在"图层 8"的第 50 帧处插入关键帧，将该帧处的图形元件向右移动到舞台中，并将其"样式"设置为"无"，如图 3-233 所示。

（29）在"图层 8"的第 45 帧与第 50 帧之间创建补间动画，然后在第 52 帧和第 54 帧处插入关键帧，选择第 52 帧处的图形元件，在"属性"面板中设置"亮度"值为"100%"，并在第 50 帧与第 52 帧之间、第 52 帧与第 54 帧之间创建补间动画，如图 3-234 所示。

图 3-233 移动图形元件

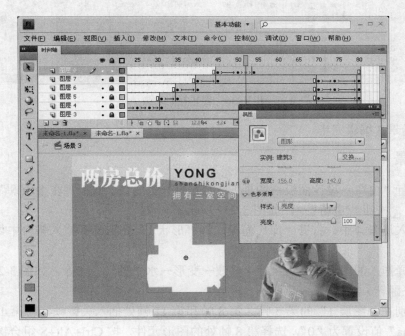

图 3-234 创建补间动画

（30）分别在"图层 8"的第 70 帧、第 74 帧和第 80 帧处插入关键帧，选择第 74 帧处的图形元件，将其向下移动，再选择第 80 帧处的图形元件，将其向下移动到舞台之外，并在"属性"面板中设置"Alpha"值为"0"，如图 3-235 所示。

（31）分别在"图层 8"的第 70 帧与第 74 帧之间、第 74 帧与第 80 帧之间创建补间动画，如图 3-236 所示。

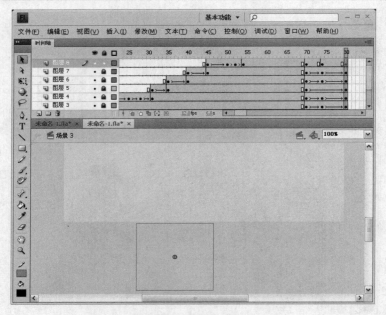

图 3-235　移动图形元件

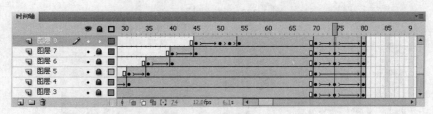

图 3-236　创建补间动画

至此，场景 3 编辑完毕。

编辑场景 4

（1）执行"窗口→设计面板→场景"命令，打开"场景"面板，在"场景"面板中单击"添加场景" 按钮新建场景 4，如图 3-237 所示。

（2）进入场景 4 中，打开"库"面板，将"形状 1"图形元件拖入舞台中如图 3-238 所示的位置。

（3）选择拖入的图形元件，执行"修改→变形→水平翻转"命令，如图 3-239 所示，将图形元件水平翻转。

（4）分别在"图层 1"的第 5 帧、第 8 帧和第 11 帧处插入关键帧，将第 1 帧处的图形元件的"Alpha"值设置为"0"，选择第 8 帧处的图形元件，按 Ctrl+Alt+S 组合键，在弹出的"缩放和旋转"对话框中设置缩放值为"130%"，如图 3-240 所示。完成后单击"确定"按钮。

（5）分别在第 1 帧与第 5 帧之间、第 5 帧到第 8 帧之间、第 8 帧与第 11 帧之间创建补间动画，然后在第 80 帧处按 F5 键插入帧，如图 3-241 所示。

（6）在"时间轴"面板中锁定"图层 1"，新建"图层 2"，在"库"面板中将"形状 2"图形元件拖入到舞台上，如图 3-242 所示。

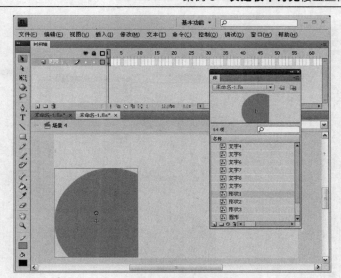

图 3-237　"场景"面板　　　　　　　　　　　　图 3-238　拖入图形元件

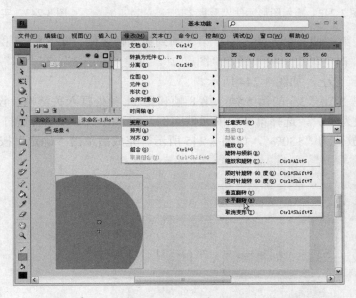

图 3-239　执行"修改→变形→水平翻转"命令

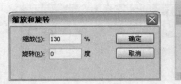

图 3-240　"缩放和旋转"对话框　　　　　　　　　图 3-241　插入帧

　　（7）分别在"图层 2"的第 5 帧、第 8 帧和第 11 帧处插入关键帧，设置第 1 帧图形元件的"Alpha"的值为"0"，选择第 8 帧的元件实例，按 Ctrl+Alt+S 组合键打开"缩放和旋转"对话框，设置缩放值为"130%"，如图 3-243 所示。完成后单击"确定"按钮。

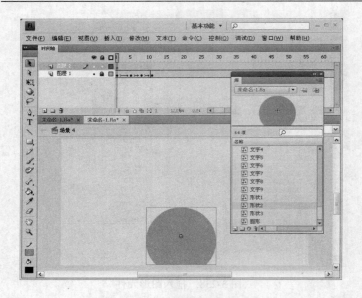

图 3-242　拖入图形元件"形状 2"　　　　　　图 3-243　实施"缩放"操作

　　（8）分别在第 1 帧与第 5 帧之间、第 5 帧到第 8 帧之间、第 8 帧与第 11 帧之间创建补间动画，然后在"时间轴"面板中锁定"图层 2"，新建"图层 3"，在"库"面板中将"圆形"图形元件拖入到舞台上，如图 3-244 所示。

　　（9）分别在"图层 3"的第 5 帧、第 8 帧和第 11 帧处插入关键帧，设置第 1 帧元件实例的"Alpha"值为"0"，选择第 8 帧的元件实例，按 Ctrl+Alt+S 组合键打开"缩放和旋转"对话框，设置缩放值为"130%"，如图 3-245 所示。完成后单击"确定"按钮。

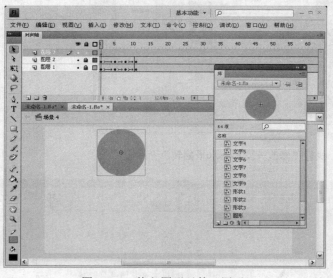

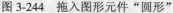

图 3-244　拖入图形元件"圆形"　　　　　　图 3-245　"缩放和旋转"对话框

　　（10）分别在第 1 帧与第 5 帧之间、第 5 帧到第 8 帧之间、第 8 帧与第 11 帧之间创建补间动画，然后在"时间轴"面板中锁定"图层 3"。新建"图层 4"，在第 11 帧处插入关键帧，在"库"面板中将"人物 4"图形元件拖入到舞台上，如图 3-246 所示。

图 3-246　拖入图形元件

（11）分别在"图层 4"的第 16 帧、第 19 帧和第 22 帧处插入关键帧，设置第 11 帧元件实例的"亮度"值为"100%"，选择第 19 帧的元件实例，设置其"Alpha"值为"50%"，如图 3-247 所示。

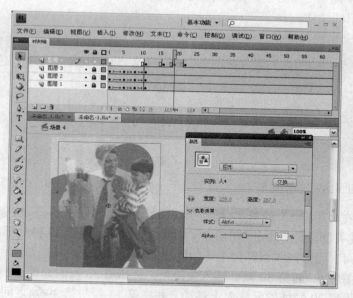

图 3-247　设置"Alpha"值

（12）分别在"图层 4"的第 11 帧与第 16 帧之间、第 16 帧与第 19 帧之间、第 19 帧与第 22 帧之间创建补间动画。锁定"图层 4"，新建"图层 5"，在第 22 帧处插入关键帧，将"库"面板中"文字 10"图形元件拖入到舞台上，如图 3-248 所示。

（13）分别在"图层 5"的第 27 帧、第 30 帧和第 33 帧处插入关键帧。选择第 22 帧处的元件实例，在工具箱中单击"任意变形工具" ，将图形元件进行如图 3-249 所示的压缩。然后在"属性"面板上的"颜色"下拉列表中选择"Alpha"选项，将"Alpha"值设置为"0"。

图 3-248　拖入图形元件

（14）选择"图层 5"第 30 帧处的图形元件，利用"任意变形工具" ⬚ 将图形元件进行如图 3-250 所示的拉伸。

图 3-249　压缩图形

图 3-250　拉伸图形

（15）分别在"图层 5"的第 22 帧与第 27 帧之间、第 27 帧与第 30 帧之间、第 30 帧与第 33 帧之间创建补间动画。锁定"图层 5"，新建"图层 6"，在第 33 帧处插入关键帧，将"库"面板中的"竖线 4"元件拖入到舞台上，如图 3-251 所示。

（16）在"图层 6"的第 39 帧处插入关键帧，选择第 33 帧的元件实例，设置其"Alpha"值为"0"，然后将第 39 帧处的元件向上移动，并在第 33 帧与第 39 帧之间创建补间动画，如图 3-252 所示。

（17）锁定"图层 6"，新建"图层 7"，在第 39 帧处插入关键帧，将"库"面板中的"文字 11"元件拖入到舞台上，如图 3-253 所示。

（18）在"图层 7"的第 45 帧处插入关键帧，将该帧处的元件向左移动，然后将第 39 帧处元件的"Alpha"值设置为"0"，并在第 39 帧与第 45 帧之间创建补间动画，如图 3-254 所示。

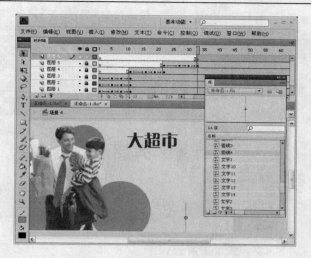

图 3-251　拖入图形元件"竖线 4"

图 3-252　在"图层 6"创建补间动画

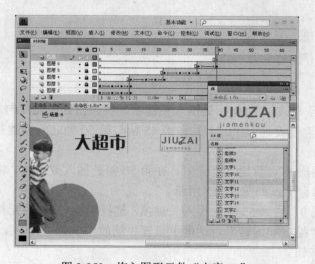

图 3-253　拖入图形元件"文字 11"

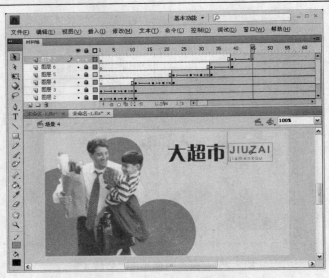

图 3-254　在"图层 7"创建补间动画

（19）锁定"图层 7"，新建"图层 8"，在第 45 帧处插入关键帧，将"库"面板中的"文字 12"元件拖入到舞台上，如图 3-255 所示。

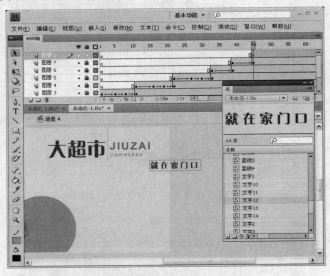

图 3-255　拖入图形元件

（20）在"图层 8"的第 50 帧处插入关键帧，将该帧处的元件向左移动，然后将第 45 帧处元件的"Alpha"值设置为"0"，并在第 45 帧与第 50 帧之间创建补间动画，如图 3-256 所示。

（21）锁定"图层 8"，新建"图层 9"，在第 50 帧处插入关键帧，将"库"面板中的"建筑 4"元件拖入到舞台上，如图 3-257 所示。

（22）在"图层 9"的第 55 帧处插入关键帧，选择第 50 帧处的元件实例，按 Ctrl+Alt+S 组合键，在弹出的"缩放和旋转"对话框中设置"缩放"值为"10%"，如图 3-258 所示。完成后单击"确定"按钮。

图 3-256　创建补间动画

图 3-257　拖入图形元件

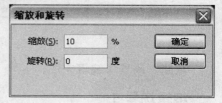

图 3-258　"缩放和旋转"对话框

（23）选择第 50 帧处的元件实例，在"属性"面板中设置"Alpha"值为"0"，然后在第 50 帧与第 55 帧之间创建补间动画，如图 3-259 所示。

（24）分别在"图层 9"的第 58 帧和第 61 帧处插入关键帧，选择第 58 帧处的元件实例，设置其"亮度"为"100%"，然后在第 55 帧与第 58 帧、第 58 帧与第 61 帧之间创建补间动画，如图 3-260 所示。

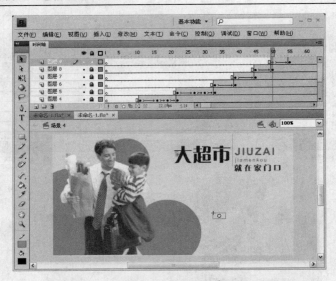

图 3-259　在第 50 至第 55 帧间创建补间动画

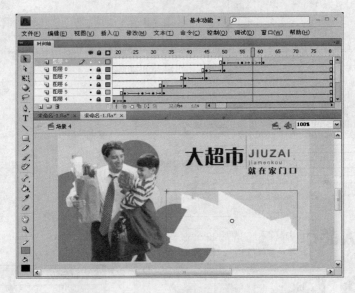

图 3-260　创建补间动画

至此，场景 4 编辑完毕。

编辑场景 5

（1）创建场景 5，在场景 5 中将"库"面板中的"矩形 4"元件拖入到舞台的上方，如图 3-261 所示。

（2）在第 5 帧、第 8 帧和第 15 帧处分别插入关键帧，然后将第 5 帧处的元件向下移动，如图 3-262 所示。将第 8 帧处的元件向下移动，如图 3-263 所示。

（3）选择第 15 帧处的元件实例，在"属性"面板的"宽度"文本框中输入"360.0"，并向下移动，如图 3-264 所示。

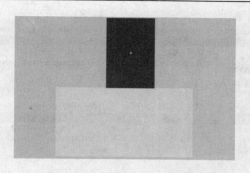

图 3-261 拖入图形元件

图 3-262 移动第 5 帧元件

图 3-263 移动第 8 帧元件

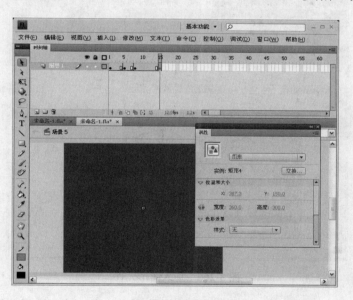

图 3-264 移动图形元件

（4）分别在第 1 帧与第 5 帧之间、第 5 帧到第 8 帧之间、第 8 帧与第 15 帧之间创建补间动画，然后在第 55 帧和第 80 帧处分别插入关键帧，设置第 80 帧处元件实例的"Alpha"值为"0"，并在第 55 帧到第 80 帧之间创建补间动画，如图 3-265 所示。

（5）在"时间轴"面板中锁定"图层 1"，新建"图层 2"。在"图层 2"的第 26 帧处插入关键帧，将"库"面板中的"人物 7"图形元件拖入到舞台的右侧之外，如图 3-266 所示。

（6）在"图层 2"的第 32 帧、第 34 帧和第 36 帧处分别插入关键帧，分别选择第 32 帧和第 36 帧处的元件实例，在"属性"面板中设置"X"坐标值为"485.4"，如图 3-267 所示。

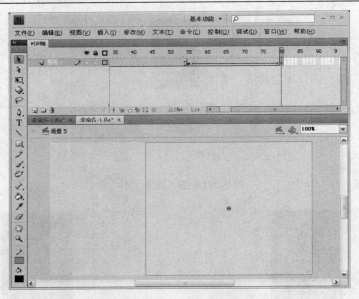

图 3-265　创建补间动画

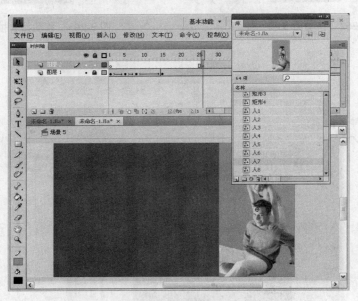

图 3-266　拖入图形元件

（7）将第 34 帧处元件实例的"X"坐标值设置为"481.4"，然后分别在第 26 帧与第 32 帧之间、第 32 帧到第 34 帧之间、第 34 帧与第 36 帧之间创建补间动画，如图 3-268 所示。

（8）分别在"图层 2"的第 55 帧和第 80 帧处插入关键帧，设置第 80 帧处元件实例的"Alpha"值为"0"，然后在第 55 帧与第 80 帧之间创建补间动画，如图 3-269 所示。

（9）在"时间轴"面板中锁定"图层 2"，新建"图层 3"。在"图层 3"的第 10 帧处插入关键帧，在"库"面板中将"人 5"图形元件拖入到舞台上，并设置其"Alpha"的值为"18%"，如图 3-270 所示。

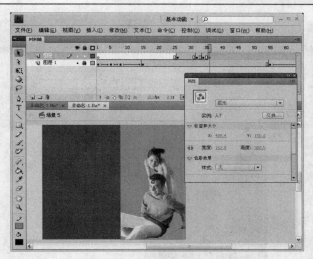

图 3-267 设置"X"坐标值

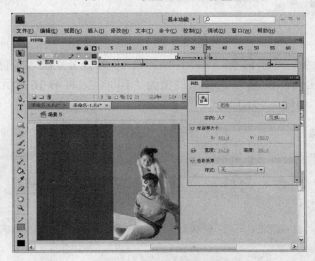

图 3-268 创建补间动画

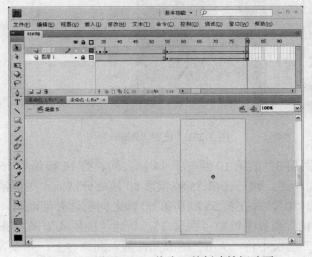

图 3-269 设置 Alpha 值为 0 并创建补间动画

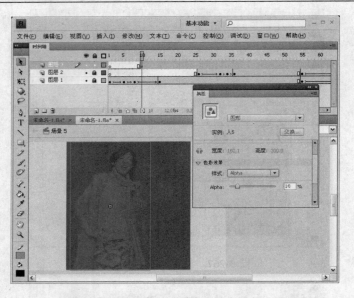

图 3-270　拖入图形元件

（10）在"图层 3"的第 14 帧、第 16 帧和第 19 帧处分别插入关键帧，分别选择第 14 帧和第 19 帧的元件实例，设置"Alpha"的值为"100%"，将第 16 帧元件实例的"Alpha"的值设置为"58%"，如图 3-271 所示。

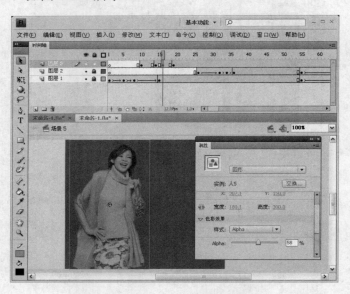

图 3-271　设置"Alpha"值

（11）分别在"图层 3"的第 10 帧与第 14 帧之间、第 14 帧到第 16 帧之间、第 16 帧与第 19 帧之间创建补间动画，然后在第 55 帧和第 80 帧处分别插入关键帧，设置第 80 帧元件实例的"Alpha"值为"0"，并在第 55 帧与第 80 帧之间创建补间动画，如图 3-272 所示。

（12）在"时间轴"面板中锁定"图层 3"，新建"图层 4"。在"图层 4"的第 17 帧处插入关键帧，在"库"面板中将"人 6"图形元件拖入到舞台上，并设置其"Alpha"的值为"0"，如图 3-273 所示。

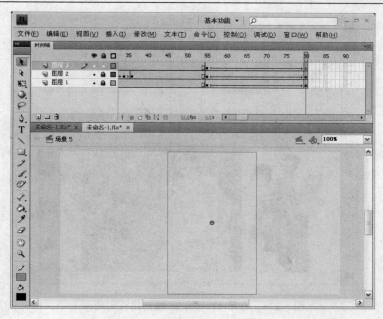

图 3-272　创建补间动画

图 3-273　拖入图形元件

（13）在"图层 4"的第 26 帧处插入关键帧，选择该帧处的元件实例，将其"Alpha"值设置为"100%"，然后在第 17 帧与第 26 帧之间创建补间动画，如图 3-274 所示。

（14）在第 55 帧和第 80 帧处分别插入关键帧，设置第 80 帧元件实例的"Alpha"值为"0"，并在第 55 帧与第 80 帧之间创建补间动画，如图 3-275 所示。

（15）锁定"图层 4"，新建"图层 5"。在"图层 5"的第 125 帧处插入关键帧，使用"矩形工具" ▣ 在舞台中绘制一个宽为"567"、高为"300"、无边框、填充色为黑色的矩形，并使其遮盖住舞台，如图 3-276 所示。

图 3-274　在第 17 至第 26 帧创建补间动画

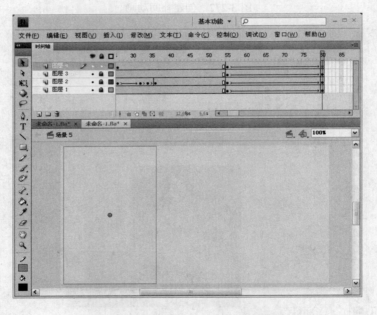

图 3-275　在第 55 至第 80 帧创建补间动画

（16）在"图层 5"的第 176 帧处按 F5 键插入帧，锁定"图层 5"。新建"图层 6"，在第 61 帧处插入关键帧，将"库"面板中"人 8"图形元件的拖入到舞台上；如图 3-277 所示。

（17）在"图层 6"的第 80 帧处插入关键帧，选择第 61 帧处的元件实例，设置其"Alpha"值为"0"，然后在第 61 帧与第 80 之间创建补间动画，如图 3-278 所示。

（18）分别在"图层 6"的第 125 帧和第 155 帧处插入关键帧，选择第 155 帧处的元件实例，设置其"Alpha"值为"0"，然后在第 125 帧与第 155 之间创建补间动画，如图 3-279 所示。

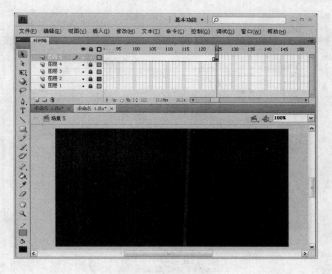

图 3-276　绘制矩形

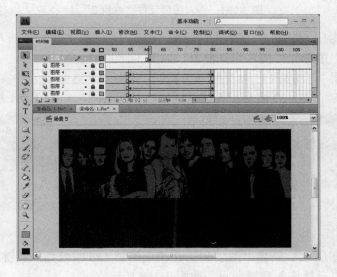

图 3-277　拖入图形元件"人 8"

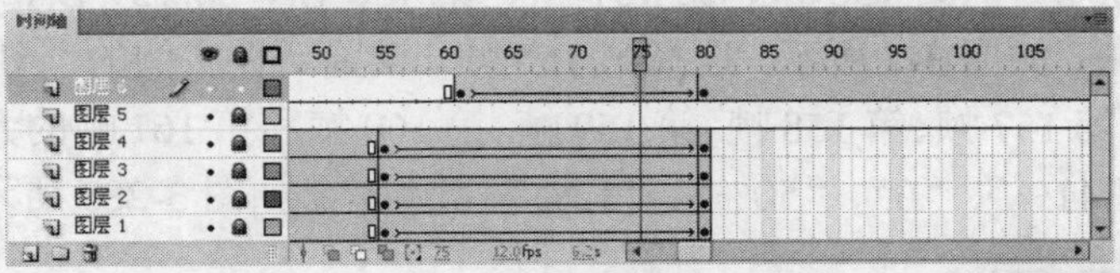

图 3-278　在第 61 到第 80 帧创建补间动画

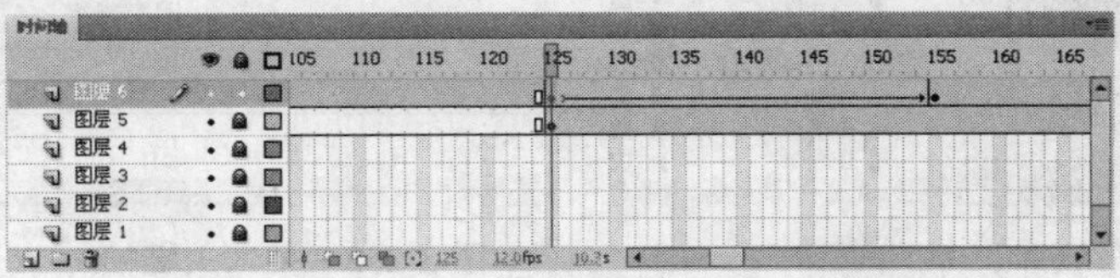

图 3-279　在第 125 到第 155 帧创建补间动画

图 3-281　拖入图形元件"建筑 2"

（19）锁定"图层 6"，新建"图层 7"。在"图层 7"的第 133 帧处插入关键帧，从"库"面板中将"建筑 2"图形元件拖入到舞台上，如图 3-280 所示。

（20）在"图层 7"的第 155 帧处插入关键帧，选择第 133 帧的元件实例，将其"Alpha"值设置为"0"，然后在第 133 帧与 155 帧之间创建补间动画，如图 3-281 所示。

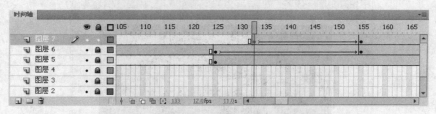

图 3-281　创建补间动画

（21）锁定"图层 7"，新建"图层 8"，在该层的第 155 帧处插入关键帧，在"库"面板中将"形状 3"图形元件拖入到舞台上，如图 3-282 所示。

（22）在"图层 8"的第 156 帧、第 157 帧、第 158 帧、第 159 帧、第 160 帧和第 161帧处分别插入关键帧，如图 3-2 所示。选择第 155 帧，设置元件实例的"Alpha"值为"17%"，分别设置第 156 帧、第 157 帧、第 158 帧、第 159 帧、第 160 帧和第 161 帧的元件实例的"Alpha"值依次为"64%"、"41%"、"0"、"50%"、"12%"和"0"，如图 3-283 所示。

图 3-282　拖入"形状 3"

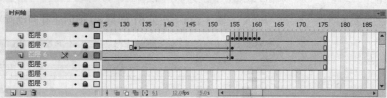

图 3-283　插入关键帧

（23）锁定"图层 8"，新建"图层 9"，在该层的第 81 帧处插入关键帧，将"库"面板中的"文字 13"元件拖入到舞台上，如图 3-284 所示。

（24）在"图层 9"的第 95 帧处插入关键帧，选择第 81 帧的元件实例，将其放大，如图 3-285 所示。再将其"Alpha"值设置为"0"，然后在第 81 帧第 95 帧之间创建动作补间动画。

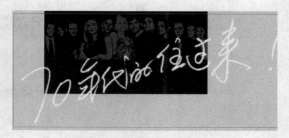

图 3-284　拖入"文字 13"　　　　　　图 3-285　放大图形元件

（25）在"图层 9"的第 128 帧和第 140 帧处插入关键帧，选择第 140 帧处的元件实例，设置其"Alpha"的值为"0"，然后在第 128 帧和第 140 帧之间创建补间动画，如图 3-286 所示。

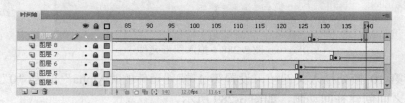

图 3-286　在第 128 到第 140 帧创建补间动画

（26）在"图层 9"的第 141 帧处插入关键帧，将该帧处的元件向左上方移动；在第 155 帧处插入关键帧，设置该帧处的元件的"Alpha"值为"100%"；然后在第 141 到第 155 帧之间创建补间动画，如图 3-287 所示。

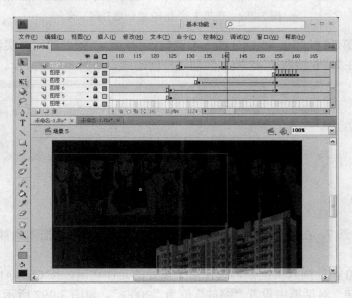

图 3-287　在第 141 到第 155 帧创建补间动画

至此，场景 5 编辑完毕。

编辑场景 6

（1）创建场景 6，在场景 6 中将"库"面板中的"文字 14"元件拖入到舞台的中间位置，如图 3-288 所示。

图 3-288　拖入图形元件

（2）在第 10 帧处插入关键帧，设置第 1 帧处元件的"Alpha"值为"0"，然后在第 1 帧与第 10 帧之间创建补间动画，如图 3-289 所示。

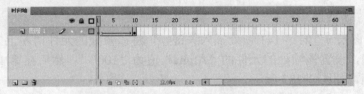

图 3-289　在第 1 到第 10 帧创建补间动画

（3）分别在第 36 帧和第 45 帧处插入关键帧，选择第 45 帧处的元件实例，设置其"Alpha"值为"0"，然后在第 36 帧和第 45 帧之间创建补间动画，如图 3-290 所示。场景 6 编辑完毕。

图 3-290　在第 36 到第 45 帧创建补间动画

编辑场景 7

（1）创建场景 7，在场景 7 中将"库"面板中的"标志"元件拖入到舞台上，如图 3-291 所示。

（2）在第 20 帧处插入关键帧，选择第 1 帧处的元件实例，按 Ctrl+Alt+S 组合键，在弹出的"缩放和旋转"对话框中设置"缩放"值为"200%"，如图 3-292 所示。完成后单击"确定"按钮。

图 3-291 拖入图形元件

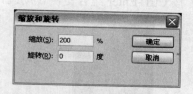

图 3-292 "缩放和旋转"对话框

（3）选择第 1 帧处的元件，设置其"Alpha"值为"0"，然后在第 1 帧和第 20 帧之间创建补间动画，如图 3-293 所示。

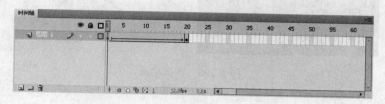

图 3-293 在第 1 到第 20 帧创建补间动画

（4）最后，在第 145 帧处按 F5 键插入帧，如图 3-294 所示。

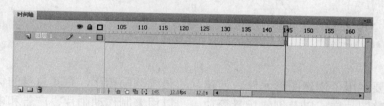

图 3-294 插入帧

至此，场景 7 编辑完毕。

测试影片

（1）执行"文件→保存"命令，打开"另存为"对话框，在"保存在"下拉列表中选择保存路径，在"文件名"文本框中输入动画名称，如图 3-295 所示。完成后单击"保存"按钮。

图 3-295 保存文档

（2）按 Ctrl+Enter 组合键测试动画，即可看到制作的动画效果，如图 3-296 所示。

图 3-296　测试动画

知识点总结

本例中主要运用了创建图形元件、创建补间动画、调整图片样式以及创建场景等功能。

在 Flash 动画中，一个元件可以被多次使用在不同位置。各个元件之间可以相互嵌套，不管元件的行为属于何种类型，都能以一个独立的部分存在于另一个元件中，使制作的 Flash 电影有更丰富的变化。图形元件是 Flash 动画中最基本的元素，主要用于建立和储存独立的图形内容，也可以用来制作动画，但是当把图形元件拖曳到舞台中或其他元件中时，不能对其设置实例名称，也不能为其添加脚本。

Flash 的动画原理和传统动画原理一样，需要一帧帧的画面进行连贯，才能形成动态的效果，实际上就是在不同的时间段绘制出不同的舞台画面，再利用人的视觉暂留原理，达到画面活动的幻觉。而 Flash 中的动画与传统动画相比，有其自身的优点。它不但可以用来制作动画片、广告和电子贺卡，加入动作脚本后还会增添交互性，可以制作课件、网页甚至是单机游戏和网络游戏开发。

补间动画是 Flash 中最常见的动画类型。它可以结合色彩的变化、透明度的变化、位置的变化，使作品更加绚丽多彩。如何通过动作补间动画将对象的运动形象生动地表现出来，是学习运动动画的根本目的。

补间动画只需要在一些特定的关键帧来定义动画元素的位置，剩下的所有帧都被 Flash 自动生成补间帧，这是非常方便的。

在创建运动补间动画时，可以先为关键帧创建动画属性后，再移动关键帧中的图形，进行动画编辑。在实际的编辑工作中也可以根据需要，随时对关键帧中图形的位置、大小、方向进行修改。

拓展训练

为了更加明确地了解新旧版本的不同，体现新版本带来的便捷，下面使用 Flash CS3 制作一个风景展示效果，如图 3-297 所示。

图 3-297　风景展示

关键步骤提示：

（1）运行 Flash CS3，新建一个 Flash 空白文档。在"文档属性"对话框中将"尺寸"设置为 700 像素（宽）×400 像素（高），其他设置保持默认，设置完成后单击"确定"按钮。

（2）执行"文件→导入→导入到库"命令，将 4 幅风景图像导入到"库"中。

（3）执行"插入→新建元件"命令，弹出"创建新元件"对话框，在"名称"文本框中输入"风景 1"，在"类型"区域中选择"图形"单选项，如图 3-298 所示。完成后单击"确定"按钮进入元件编辑区。

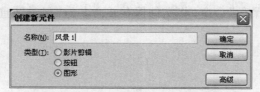

图 3-298　"创建新元件"对话框

（4）从"库"面板中拖入一幅风景图像到工作区中。

（5）按照同样的方法再新建"风景 2"、"风景 3"、"风景 4"图形元件。

（6）返回场景，将"风景 1"图形元件拖入到舞台上，然后在第 25 帧处插入关键帧，选择第 1 帧处的图形元件，在"属性"面板上的"颜色"下拉列表中选择"Alpha"选项，将其值设置为 0，如图 3-299 所示。

（7）选择"时间轴"上的第 1 帧，在"属性"面板上的"补间"下拉列表中选择"动画"选项，如图 3-300 所示，即可创建动作补间动画。

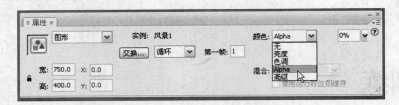

图 3-299 设置"Alpha"值

图 3-300 选择"动画"选项

（8）在时间轴上的第 50 帧与第 75 帧处插入关键帧。然后选中第 75 帧的元件，在"属性"面板上的"颜色"下拉列表中选择"高级"选项，如图 3-301 所示。然后单击右侧的"设置"按钮。

（9）此时打开"高级效果"对话框，在对话框中进行如图 3-302 所示的设置。

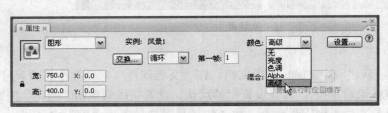

图 3-301 选择"高级"选项　　　　图 3-302 "高级效果"对话框

（10）在时间轴的各关键帧之间创建补间动画，然后按照同样的方法为其余的图形元件创建动画即可。

（11）执行"文件→保存"命令，将文件保存并命名为"风景区宣传片"，然后按 Ctrl+Enter 组合键测试动画。

职业快餐

　　Flash 宣传片同电视宣传片的制作目的相同，即主要是使观赏者对片中所宣传的主体有一个深刻的概念，如企业的宣传片是为了进一步提升企业的形象，宣传企业产品，而公益类的宣传片是为了创建一种好的道德理念。

　　一个电影公映前会制作并播放它的宣传短片，来吸引观众走进电影院；一个好的企业宣传片，同样用结合了声画的"眩"的效果，让浏览者耳目一新，引起他的极大好奇心和继续深入浏览的愿望。对于客户来说，宣传片往往还成为品牌和理念的最佳的演示。因此，宣传片通常要求在充分了解客户想要表达的概念或者价值观念的基础上，制作出具有出色的创意，同时符合网络要求的绚丽的动画效果。

企业宣传片从内容上分主要有两种，一种是企业形象片，另一种是产品宣传片。前者主要是整合企业资源，统一企业形象，传递企业信息。它可以促进受众对企业的了解，增强信任感，从而带来商机。而产品宣传片主要是通过现场播放，直观生动地展示产品生产过程、突出产品的功能特点和使用方法。从而让消费者或者经销商能够比较深入地了解产品，营造良好的销售环境。企业宣传片的直接用途主要有：销售现场、项目洽谈、会展活动、竞标、招商、产品发布会、统一渠道中产品形象及宣传模式等。

企业做宣传片首先要明确目的。为什么要做宣传片。企业制作宣传片是为了提升企业形象还是介绍产品？如果是为了提升企业形象，那当然是做企业形象片。很多中小企业自身的形象并不是很突出，在企业内部对自身没有一个统一的认识，在渠道和消费者中也没有形成影响和共识。这对企业的发展是十分不利的。那么企业就需要将自身的资源进行整合，提炼出一个统一的企业形象。如果企业要做的是产品宣传片，和企业形象一样，产品的特点和功能定位也很重要。产品有产品的形象，产品的功能定位应该能够体现出由产品所展示的品质、品味和品形到品牌的过渡。宣传片可以帮助企业实现企业、代理商、经销商、零售商、消费者对企业形象和产品的共识。

明确了目的还要明确用途，片子是用来促销、参加会展还是招商、产品发布，这对宣传片的要求都是不同的。产品发布会，招商与会议等专题片，要重点介绍的是传播新产品信息。面对的受众是第一次接触该产品，所以需要内容详尽，卖点突出。如果企业是在现有渠道中统一形象，那么目标受众明确，对企业和产品有一点的认知和了解，这样的宣传片需要强调的是精练。总之，企业在决定做宣传片之前要仔细分析企业自身的状况，明确目标和用途，不能为了做宣传片而做宣传片。

案例 4

小学课件——梯形

素材路径：源文件与素材\案例 4\素材
源文件路径：源文件与素材\案例 4\源文件\梯形.fla

情景再现

树优教育是我市的一所著名的少儿培训学校，在本市开了很多分校，它也是我们公司的大客户，很巧的是，我正好负责他们的网站业务。

这天早上一上班，我就接到了树优教育郭校长的电话："小王啊，最近很多家长反映我们的网站做的很好，真是很感谢你们啊。"

"哪里，郭校长，这都是我们应该做的，"我笑着回答。

"是这样的，小王，我们最近准备做一些小学的课件，我看见很多学校都是用动画做的，我想问问你能帮我们培训学校做一些吗？"

"这个当然没问题了，您大概什么时候要呢？急吗？还有，您能把课件的资料给我吗？"

"好的，我马上准备资料，到时候给你发到邮箱里面，要的不是很急，你在下周五之前做出来就可以了。"

"好的郭校长，您放心，我一定给您做一些又漂亮又实用的课件出来。"

任务分析

● 由于做的是针对小学生学习的课件，动画要活泼可爱一些。

● 要注重实际效果，课件的华丽、美观是必要的，但重要的还是它的实际功能和效果。

● 课件不要太过花哨，否则学生的注意力常常被吸引到教学内容以外的其他地方，没有起到辅助教学的作用，背离了课件制作与使用的初衷。

● 在课件中，有重要或较难的知识点的地方要设置停顿，以方便教学。

流程设计

首先设置动画背景并创建课件需要的按钮元件，再制作课件中需要播放的影片剪辑，然后编辑各个场景；最后保存文档并测试影片。

任务实现

制作按钮元件——引入

（1）运行 Flash CS4，新建一个 Flash 空白文档。执行"修改→文档"命令，打开"文档属性"对话框[①]，将"尺寸"设置为 650 像素（宽）×375 像素（高），"帧频"设置为 12fps，如图 4-1 所示。设置完成后单击"确定"按钮。

（2）执行"插入→新建元件"命令，弹出"创建新元件"对话框，在"名称"文本框中输入"引入"，在"类型"下拉列表中选择"按钮"选项，如图 4-2 所示。完成后单击"确定"按钮进入元件编辑区。

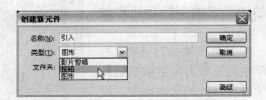

图 4-1　"文档属性"对话框　　　　　　　图 4-2　"创建新元件"对话框

（3）执行"文件→导入→导入到舞台"命令，将一幅图像导入到元件编辑区中，如图 4-3 所示。

图 4-3　导入图像

---

① 按 **Ctrl+J** 组合键能快速打开"文档属性"对话框。

（4）选择"文本工具" ，在"属性"面板中设置字体为"方正少儿简体"，字号为20，文本颜色为红色（#F27C94），如图4-4所示。

（5）在元件编辑区中输入文本"引入"，然后分别在"指针经过"帧、"按下"帧、"点击"帧处按 F6 键，插入关键帧，如图4-5所示。

图4-4　"属性"面板

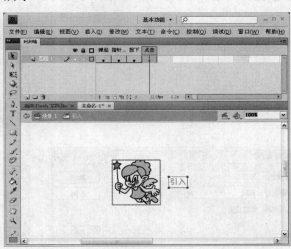

图4-5　插入关键帧

（6）选择"指针经过"帧处的内容，使用"任意变形工具" 将其放大一些，如图4-6所示。

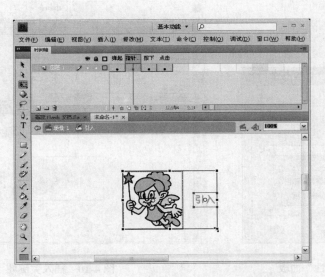

图4-6　放大图形

制作按钮元件——定义

（1）执行"插入→新建元件"命令，弹出"创建新元件"对话框，在"名称"文本框中输入"定义"，在"类型"下拉列表中选择"按钮"选项，如图4-7所示。完成后单击"确定"按钮进入元件编辑区。

（2）执行"文件→导入→导入到舞台"命令，将一幅图像导入到元件编辑区中，如图 4-8 所示。

（3）选择"文本工具" **T**，在"属性"面板中设置字体为"方正少儿简体"，字号为 20，文本颜色为黄色（#996600），如图 4-9 所示。

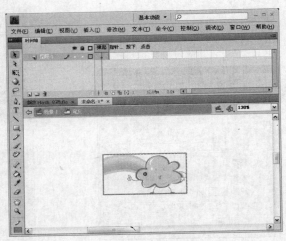

图 4-7 "创建新元件"对话框 图 4-8 导入图像

（4）在元件编辑区中输入文本"定义"，然后分别在"指针经过"帧、"按下"帧、"点击"帧处按 F6 键，插入关键帧，如图 4-10 所示。

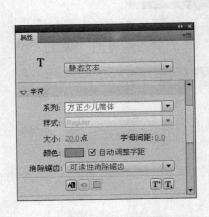

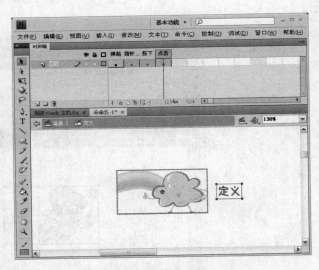

图 4-9 "属性"面板 图 4-10 插入关键帧

（5）选择"指针经过"帧处的内容，使用"任意变形工具" 将其放大一些，如图 4-11 所示。

（6）按照与制作"引入"按钮和"定义"按钮同样的方法分别创建两个按钮元件"小结"与"退出"，如图 4-12 与图 4-13 所示。其中"小结"按钮中的文本颜色是灰色（#999999），"退出"按钮中的文本颜色是铁红色（#D7743D）。

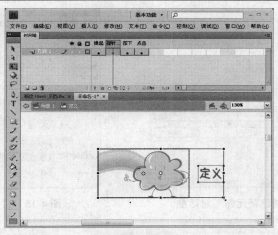

图 4-11 放大图形

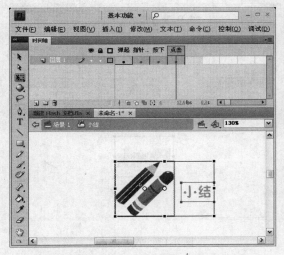

图 4-12 "小结"按钮

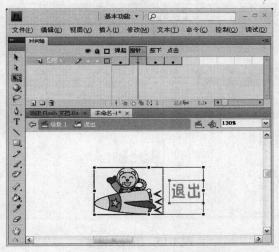

图 4-13 "退出"按钮

制作按钮元件——后退

（1）执行"插入→新建元件"命令，弹出"创建新元件"对话框，在"名称"文本框中输入"后退"，在"类型"下拉列表中选择"按钮"选项，如图 4-14 所示。完成后单击"确定"按钮进入元件编辑区。

（2）选择"文本工具" **T**，在"属性"面板中设置字体为 AardvarkBold，字号为 26，文本颜色为绿色（#00FF00），如图 4-15 所示。

（3）在元件编辑区中输入文本"Back"，然后分别在"指针经过"帧、"按下"帧、"点击"帧处按 F6 键，插入关键帧，如图 4-16 所示。

（4）选择"指针经过"帧处的文本，使用"任意变形工具" 将其放大一些，如图 4-17 所示。

（5）选择"点击"帧，单击"矩形工具" ，在工作区中绘制一个矩形，颜色随意，如图 4-18 所示。

（6）锁定"图层 1"，新建一个"图层 2"，选择"文本工具" **T**，在"属性"面板中设置文本颜色为灰色（#999999），在工作区中输入文本"Back"，如图 4-19 所示。

图 4-14　"创建新元件"对话框　　　　　图 4-15　"属性"面板

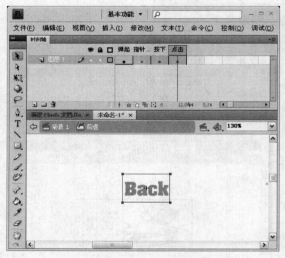

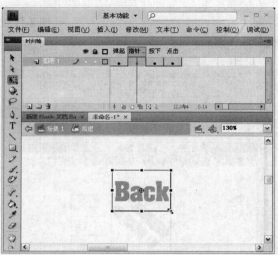

图 4-16　插入关键帧　　　　　　　　　图 4-17　放大文本

（7）在"时间轴"面板中拖动"图层 2"到"图层 1"的下方，如图 4-20 所示。

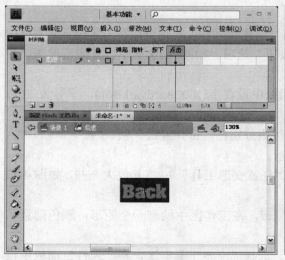

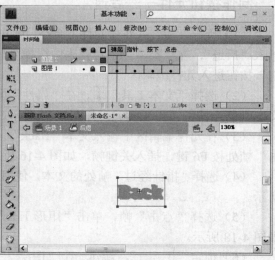

图 4-18　绘制矩形　　　　　　　　　　图 4-19　输入文本

图 4-20　拖动图层

制作按钮元件——前进

（1）执行"插入→新建元件"命令，弹出"创建新元件"对话框，在"名称"文本框中输入"前进"，在"类型"下拉列表中选择"按钮"选项，如图 4-21 所示。完成后单击"确定"按钮进入元件编辑区。

（2）选择"文本工具" T，在"属性"面板中设置字体为 AardvarkBold，字号为 26，文本颜色为绿色（#00FF00），如图 4-22 所示。

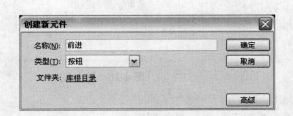

图 4-21　"创建新元件"对话框

图 4-22　"属性"面板

（3）在元件编辑区中输入文本"Forward"，然后分别在"指针经过"帧、"按下"帧、"点击"帧处按 F6 键，插入关键帧，如图 4-23 所示。

（4）选择"指针经过"帧处的文本，使用"任意变形工具" 将其放大一些，如图 4-24 所示。

（5）选择"点击"帧，单击"矩形工具" ，在工作区中绘制一个矩形，颜色随意，如图 4-25 所示。

（6）锁定"图层 1"，新建一个"图层 2"。选择"文本工具" T，在"属性"面板中设置文本颜色为灰色（#999999），在工作区中输入文本"Forward"，如图 4-26 所示。

（7）在"时间轴"面板中拖动"图层 2"到"图层 1"的下方，如图 4-27 所示。

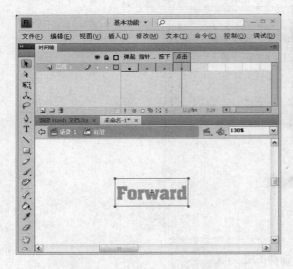

图 4-23　插入关键帧

图 4-24　放大文本

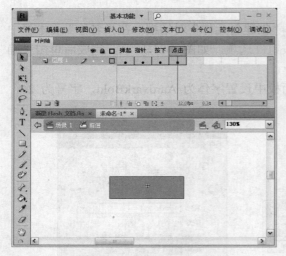

图 4-25　绘制矩形

图 4-26　输入文本

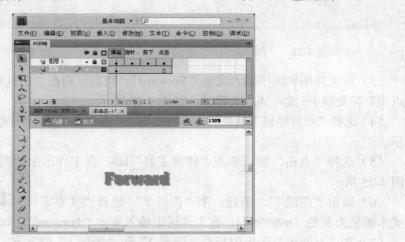

图 4-27　拖动图层

制作按钮元件——是

（1）执行"插入→新建元件"命令，弹出"创建新元件"对话框，在"名称"文本框中输入"是"，在"类型"下拉列表中选择"按钮"选项，如图 4-28 所示。完成后单击"确定"按钮进入元件编辑区。

（2）选择"文本工具" ，在"属性"面板中设置字体为 Tempus Sans ITC，字号为 26，文本颜色为紫色（#CC66FF），字母间距为 2，如图 4-29 所示。

图 4-28　"创建新元件"对话框　　　　图 4-29　"属性"面板

（3）在元件编辑区中输入文本"YES"，然后分别在"指针经过"帧、"按下"帧、"点击"帧处按 F6 键，插入关键帧，如图 4-30 所示。

（4）选择"指针经过"帧处的文本，使用"任意变形工具" 将其放大一些，然后将该帧处的文本颜色更改为蓝色（#CCCCFF），如图 4-31 所示。

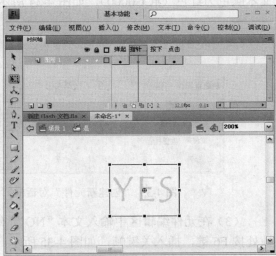

图 4-30　插入关键帧　　　　图 4-31　更改文本颜色

（5）选择"点击"帧，单击"矩形工具" ，在工作区中绘制一个矩形，使之刚好覆盖"点击"帧中的文字，矩形颜色随意，如图 4-32 所示。

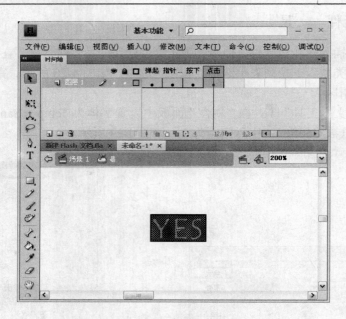

图 4-32　绘制矩形

制作按钮元件——不

（1）执行"插入→新建元件"命令，弹出"创建新元件"对话框，在"名称"文本框中输入"不"，在"类型"下拉列表中选择"按钮"选项，如图 4-33 所示。完成后单击"确定"按钮进入元件编辑区。

（2）选择"文本工具" **T**，在"属性"面板中设置字体为 Tempus Sans ITC，字号为 26，文本颜色为红色（#CC0000），如图 4-34 所示。

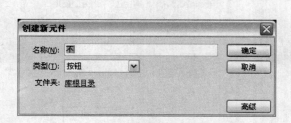

图 4-33　"创建新元件"对话框

图 4-34　"属性"面板

（3）在元件编辑区中输入文本"NO"，然后分别在"指针经过"帧、"按下"帧、"点击"帧处按 F6 键，插入关键帧，如图 4-35 所示。

（4）选择"指针经过"帧处的文本，使用"任意变形工具" 　将其放大一些，然后将该帧处的文本颜色更改为黄色（#FF6600），如图 4-36 所示。

（5）选择"点击"帧，单击"矩形工具" □，在工作区中绘制一个矩形，使之刚好覆盖"点击"帧中的文字，矩形颜色随意，如图 4-37 所示。

图 4-36　插入关键帧

图 4-37　更改文本颜色

图 4-37　绘制矩形

制作影片剪辑——小女孩

（1）执行"插入→新建元件"命令，弹出"创建新元件"对话框，在"名称"文本框中输入"小女孩"，在"类型"下拉列表中选择"影片剪辑"选项，如图 4-38 所示。完成后单击"确定"按钮进入元件编辑区。

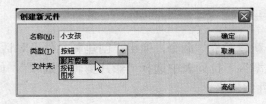

图 4-38　"创建新元件"对话框

（2）执行"文件→导入→导入到舞台"命令，将一幅小女孩图像导入到元件编辑区中，如图 4-39 所示。

（3）在第 4 帧处插入空白关键帧，再次执行"文件→导入→导入到舞台"命令，将另一幅小女孩图像导入到元件编辑区中，然后在第 6 帧处插入帧，如图 4-40 所示。

图 4-39　导入小女孩图像

图 4-40　导入图像并插入帧

制作影片剪辑——户外

（1）执行"插入→新建元件"命令，弹出"创建新元件"对话框，在"名称"文本框中输入"户外"，在"类型"下拉列表中选择"影片剪辑"选项，如图 4-41 所示。完成后单击"确定"按钮进入元件编辑区。

（2）执行"文件→导入→导入到舞台"命令，将一幅图像导入到元件编辑区中，如图 4-42 所示。

图 4-41　"创建新元件"对话框

图 4-42　导入图像

制作影片剪辑——蝴蝶飞

（1）执行"插入→新建元件"命令，弹出"创建新元件"对话框，在"名称"文本框中输入"蝴蝶飞"，在"类型"下拉列表中选择"影片剪辑"选项[①]，如图 4-43 所示。完成后单击"确定"按钮进入元件编辑区。

---

①影片剪辑是 Flash 电影中常用的元件类型，是独立于电影时间线的动画元件，主要用于创建具有一段独立主题内容的动画片段。

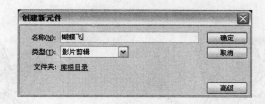

图 4-43 "创建新元件"对话框

（2）执行"文件→导入→导入到舞台"命令，导入一幅蝴蝶图像到工作区中，如图 4-44 所示。

（3）选中蝴蝶的左翅膀，单击鼠标右键，在弹出的快捷菜单中选择"剪切"命令。完成后新建一个图层，并将其命名为"左边"。选中图层"左边"，在舞台的空白处单击鼠标右键，在弹出的菜单中选择"粘贴到当前位置"命令。然后将"左边"层拖到"图层 1"之下，如图 4-45 所示。

图 4-44 导入图像文件

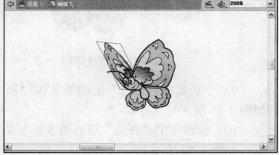

图 4-45 新建图层

（4）选中蝴蝶的右翅膀，单击鼠标右键，在弹出的快捷菜单中选择"剪切"命令。完成后新建一个图层，并将其命名为"右边"。选中图层"右边"，在舞台的空白处单击鼠标右键，在弹出的快捷菜单中选择"粘贴到当前位置"命令。然后在"图层 1"与图层"右边"的第 11 帧处插入帧，如图 4-46 所示。

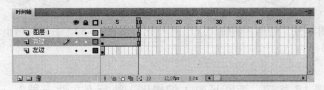

图 4-46 插入帧

（5）选中"左边"图层的第 1 帧，使用"任意变形工具" 将左翅膀的中心点移动到如图 4-47 所示的位置。然后在"左边"层的第 3、5、7、9、11 帧处插入关键帧。

（6）分别选中"左边"层的第 3 帧与第 7 帧，使用"任意变形工具" 将左翅膀缩放到如图 4-48 所示的大小。

（7）分别选中"左边"层的第 5 帧与第 9 帧，使用"任意变形工具" 将左翅膀缩小一点，如图 4-49 所示。

（8）选中"右边"层的第 1 帧，使用"任意变形工具" 将右翅膀的中心点移动到如图 4-50 所示的位置。然后在"右边"层的第 3、5、7、9、11 帧处插入关键帧。

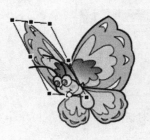 

图 4-47　移动左翅膀中心点　　　　　　　图 4-48　缩小左翅膀

 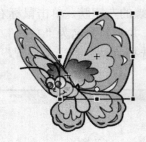

图 4-49　左翅膀缩小一点　　　　　　　图 4-50　移动中心点

（9）分别选中"右边"层的第 3 帧与第 7 帧，使用"任意变形工具" ![icon] 将右翅膀缩放到如图 4-51 所示的大小。

（10）分别选中"右边"层的第 5 帧与第 9 帧，使用"任意变形工具" ![icon] 将右翅膀缩小一点，如图 4-52 所示。

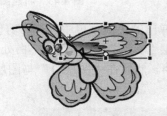 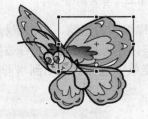

图 4-51　缩小右翅膀　　　　　　　图 4-52　右翅膀缩小一点

编辑场景 1

（1）单击"场景 1"按钮，返回场景 1 编辑区，执行"文件→导入→导入到舞台"命令，将一幅图像导入到舞台中，如图 4-53 所示。

（2）选择导入的图像，在"信息"面板中设置其大小及坐标，宽度为 650.0，高度为 375.0，X 为 0.0，Y 为 0.0，如图 4-54 所示。

（3）锁定"图层 1"，新建"图层 2"，执行"文件→导入→导入到舞台"命令，将一幅图像导入到舞台中，如图 4-55 所示。

（4）选择导入的图像，按 Ctrl+C 组合键复制，再按 Ctrl +V 组合键进行粘贴[①]，重复此项操作，直至图像铺满舞台，如图 4-56 所示。

---

① 选中图像，按 Ctrl 键不放进行拖动，也可复制图像。

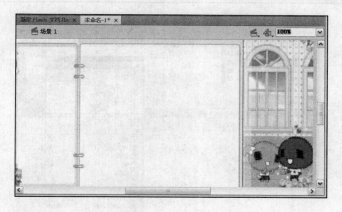

图 4-53　导入图像

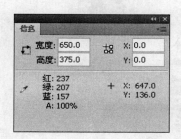

图 4-54　"信息"面板

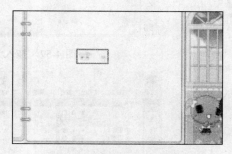

图 4-55　在"图层 2"导入图像

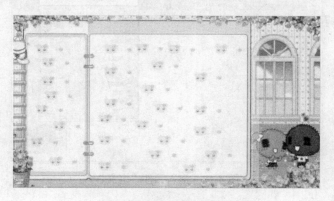

图 4-56　复制并粘贴图像

（5）新建"图层 3"，在"库"面板中将"引入"按钮元件拖入到舞台上，如图 4-57 所示。

（6）选中舞台中的元件"引入"，执行"窗口→其他面板→动作"命令，打开"动作"面板，输入如下代码：

```
on(press){
    gotoAndPlay("场景 2",1);
}
```

（7）在"库"面板中将"定义"按钮元件拖入到舞台上，如图 4-58 所示。

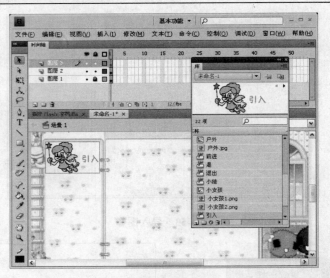

图 4-57 拖入元件"引入"

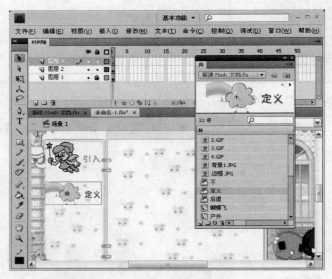

图 4-58 拖入元件"定义"

（8）选中舞台中的元件"定义"，打开"动作"面板，在其中输入如下代码：

```
on(press){
    gotoAndPlay("场景 3",1);
}
```

（9）在"库"面板中将"小结"按钮元件拖入到舞台上，如图 4-59 所示。

（10）单击选择舞台中的元件"小结"，然后在"动作"面板中输入如下代码：

```
on(press){
    gotoAndPlay("场景 4",1);
}
```

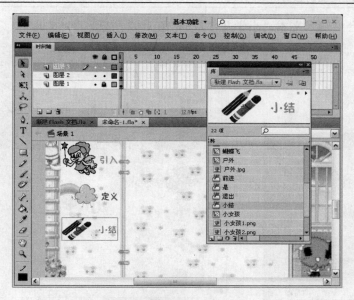

图 4-59　拖入元件"小结"

（11）在"库"面板中将"退出"按钮元件拖入到舞台上，如图 4-60 所示。

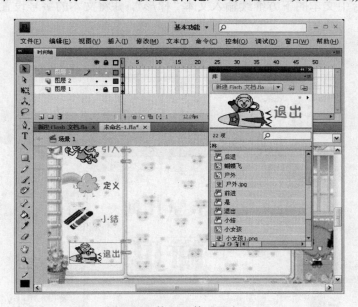

图 4-60　拖入元件"退出"

（12）选中舞台中的元件"退出"，然后在"动作"面板中输入如下代码：

```
on(press){
    gotoAndPlay("场景 5",1);
}
```

（13）新建"图层 4"，选择"文本工具" T，在"属性"面板中设置字体为"方正粗倩简体"，字号为 40，文本颜色为紫色（#9933CC），字母间距为 7，如图 4-61 所示。

（14）在舞台中输入文本"小学几何"，如图 4-62 所示。

图 4-61 "属性"面板 　　　　　　　　　 图 4-62 输入文本

（15）在舞台中文本的下方继续输入文本"梯形"，并将文本的字号设置为 70，如图 4-63 所示。

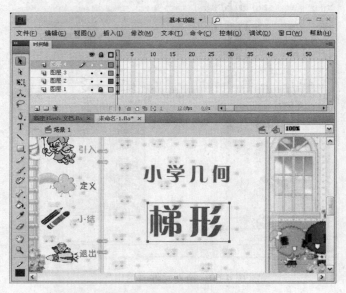

图 4-63 输入文本"梯形"

（16）选择文本"梯形"，按 Ctrl+B 组合键两次，将文本打散，如图 4-64 所示。

制作说明：将文本打散是为了使文本从组合的对象变成图形，方便对其进行编辑。没有打散的文本是不能被编辑的。

（17）选择"墨水瓶工具" ，光标变为 样式，在"属性"面板中设置笔触颜色为蓝色（#98E5FE），笔触高度为 2.5，笔触样式为实线，如图 4-65 所示。

图 4-64 打散文本

图 4-65 "属性"面板

（18）将光标  移到文本"梯形"旁边，单击鼠标左键为文本描边，如图 4-66 所示。

图 4-66 为文本描边

（19）新建"图层 5"，执行"文件→导入→导入到舞台"命令，将一幅图像导入到舞台上"梯形"文本的右下方，如图 4-67 所示。

图 4-67 导入图像

（20）新建"图层 6"，选择该图层的第 1 帧，打开"动作"面板并输入代码："stop();"。

编辑场景 2

（1）执行"窗口→设计面板→场景"命令，打开"场景"面板，在其中单击"添加场景"按钮新建场景 2，如图 4-68 所示。

（2）进入场景 2 中，执行"文件→导入→导入到舞台"命令，将背景图像导入到舞台中，如图 4-69 所示。

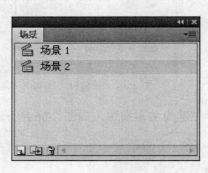

图 4-68 "场景"面板

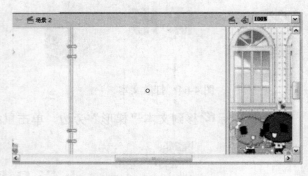

图 4-69 导入图像

（3）锁定"图层 1"，新建"图层 2"，执行"文件→导入→导入到舞台"命令，将一幅图像导入到舞台中，如图 4-70 所示。

（4）选择导入的图像，按 Ctrl+C 组合键复制，再按 Ctrl +V 组合键进行粘贴，重复此项操作，直至图像铺满舞台，如图 4-71 所示。

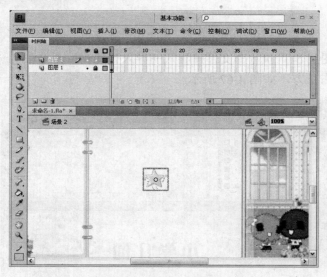

图 4-70 在"图层 2"导入图像

（5）在"时间轴"面板中新建"图层 3"，从"库"面板中分别将"引入"、"定义"、"小结"、"退出"按钮元件拖入到舞台上，如图 4-72 所示。

（6）新建"图层 4"，执行"文件→导入→导入到舞台"命令，将一幅图像导入到舞台中，如图 4-73 所示。

（7）选择导入的图像，按 F8 键，弹出"转换为元件"对话框，设置名称为"画板"，类型为"影片剪辑"，如图 4-74 所示。完成后单击"确定"按钮即可。

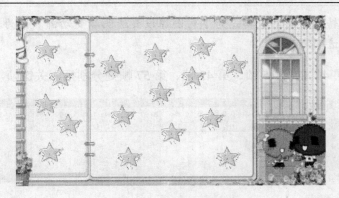

图4-71　复制粘贴图像

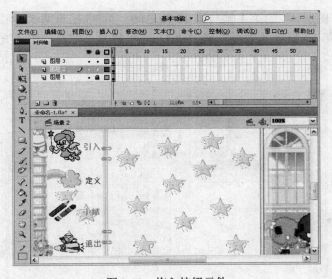

图4-72　拖入按钮元件

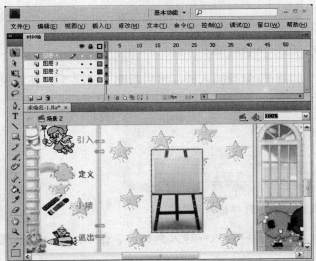

图4-73　导入图像

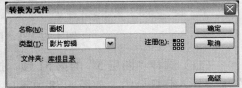

图4-74　"转换为元件"对话框

制作说明： 将图像转换为影片剪辑是为了对图像设置透明渐变动画。因为未转换的图像是不能设置透明渐变的。

（8）在"图层 4"的第 15 帧、第 43 帧、第 57 帧处分别插入关键帧，如图 4-75 所示。

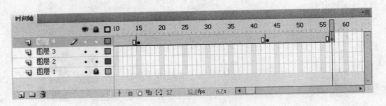

图 4-75　插入关键帧

（9）分别在"图层 4"的第 1 帧与第 15 帧之间、第 43 帧与第 57 帧之间创建补间动画，然后选择第 1 帧和第 57 帧处的画板，设置"Alpha"值为"0"，如图 4-76 所示。

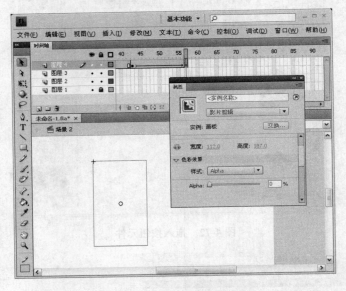

图 4-76　设置"Alpha"值

（10）分别在"图层 1"～"图层 4"的第 89 帧处插入帧，然后新建"图层 5"，在该层的第 51 帧处插入关键帧，如图 4-77 所示。

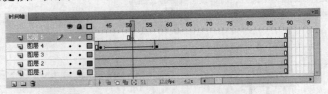

图 4-77　在"图层 5"第 51 帧插入关键帧

（11）选择"图层 5"的第 51 帧，执行"文件→导入→导入到舞台"命令，将一幅小汽车图像导入到舞台中，如图 4-78 所示。

（12）选择导入的图像，按 F8 键，弹出"转换为元件"对话框，设置名称为"汽车"，类型为"影片剪辑"，如图 4-79 所示。完成后单击"确定"按钮即可。

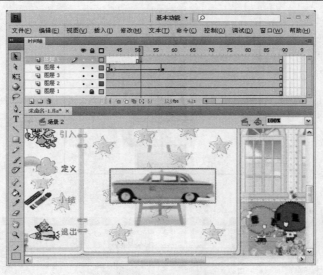

图 4-78　导入图像

（13）在"图层 5"的第 65 帧处插入关键帧，然后在第 51 帧与第 65 帧之间创建补间动画，如图 4-80 所示。

图 4-79　"转换为元件"对话框

图 4-80　创建补间动画

（14）选择"图层 5"第 51 帧处的汽车，在属性面板中设置其"Alpha"值为"0"，如图 4-81 所示。

（15）新建"图层 6"，在该层的第 21 帧处插入关键帧，选择"线条工具"＼，在"属性"面板中设置线条颜色为蓝色（#6699FF），"笔触"为 3，如图 4-82 所示。

图 4-81　设置"Alpha"值

图 4-82　"属性"面板

（16）设置好线条工具属性后，沿画板支架的梯形框架绘制四条直线，如图 4-83 所示。

（17）分别在"图层 6"的第 23 帧、第 25 帧、第 27 帧、第 29 帧处插入关键帧，然后在"图层 6"的第 22 帧、第 24 帧、第 26 帧、第 28 帧处插入空白关键帧，如图 4-84 所示。

图 4-83　绘制直线

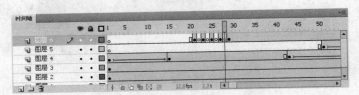

图 4-84　插入关键帧与空白关键帧

（18）在"图层 6"的第 42 帧处插入关键帧，然后将该帧处的图形向左上方移动，如图 4-85 所示。

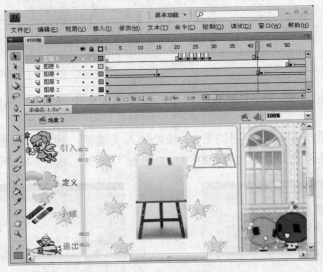

图 4-85　移动图形

（19）选择"图层 6"的第 29 帧，单击鼠标右键，在弹出的快捷菜单中选择"创建补间形状"命令，在第 29 帧与第 42 帧之间创建形状补间动画，如图 4-86 所示。

（20）新建"图层 7"，在第 66 帧处插入关键帧，然后选择"线条工具" ，在"属性"面板中设置线条颜色为桃红色（#FF6565），"笔触"为 3，如图 4-87 所示。

（21）设置好线条工具属性后，沿汽车车窗绘制四条直线，如图 4-88 所示。

（22）分别在"图层 7"的第 68 帧、第 70 帧、第 72 帧、第 74 帧处插入关键帧，然后在第 67 帧、第 69 帧、第 71 帧、第 73 帧处插入空白关键帧，如图 4-89 所示。

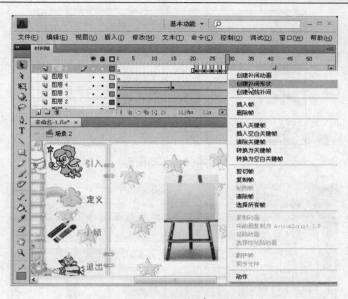

图 4-86　创建形状补间动画

图 4-87　"属性"面板

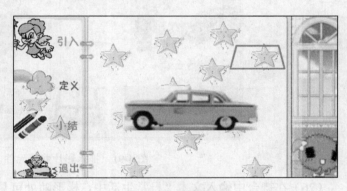

图 4-88　绘制直线

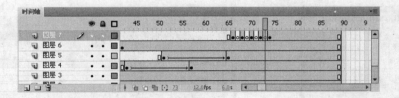

图 4-89　插入关键帧与空白关键帧

（23）在"图层 7"的第 86 帧处插入关键帧，然后将该帧处的图形向右下方移动，并将其放大，如图 4-90 所示。最后在第 74 帧与第 86 帧之间创建形状补间动画。

（24）新建"图层 8"，将"库"面板中的"小女孩"影片剪辑元件拖入到舞台中，如图 4-91 所示。

（25）新建"图层 9"，选择"文本工具" T ，在"属性"面板中设置字体为"方正卡通简体"，字号为 18，文本颜色为红色（#990000），单击"改变文本方向"按钮 ，在弹出的菜单中选择"垂直，从左到右"命令，如图 4-92 所示。

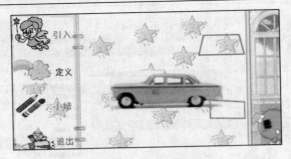

图 4-90　移动图形

图 4-91　拖入影片剪辑元件

（26）在舞台中输入文本"日常生活中，梯形随处可见"，然后在"信息"面板中设置其大小及坐标，"宽"为 33.3，"高"为 240.2，"X"为 169.4，"Y"为 122.9，效果如图 4-93 所示。

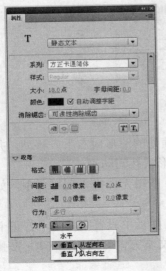

图 4-92　选择"垂直，从左到右"

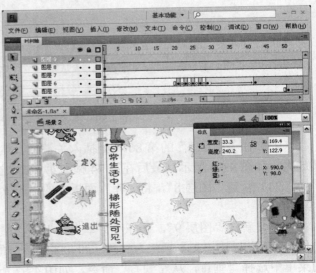

图 4-93　输入文本

（27）在"图层9"的第87帧处插入空白关键帧，选择"文本工具" **T**，在"属性"面板中设置字体为"方正卡通简体"，字号为 21，文本颜色为深灰色（#333333），在舞台中输入文本"这两个图形与我们前面学习的平行四边形有哪些不同?"如图 4-94 所示。

（28）选择输入文本中的"平形四边形"五个字，在"属性"面板中更改文本颜色为红色（#990000），如图 4-95 所示。

图 4-94　输入文本

图 4-95　更改文本颜色

（29）选择"矩形工具" ▭，在舞台中绘制一个无填充颜色、边框为红色（#FD8BAC）、宽为 128、高为 62 的矩形，如图 4-96 所示。

（30）复制红色文本"平行四边行"并粘贴到矩形中心位置，如图 4-97 所示。

图 4-96　绘制矩形

图 4-97　复制并粘贴文本

（31）选择"文本工具" **T**，在舞台中输入文本"相同点"与"不同点"，如图 4-98 所示。

（32）执行"文件→导入→导入到舞台"命令，将一幅图像导入到舞台中，如图 4-99 所示。

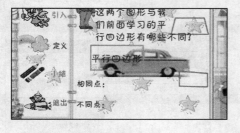
图 4-98　输入"相同点"和"不同点"

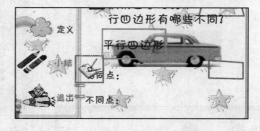
图 4-99　导入图像

（33）选中导入的图像，单击鼠标右键，在弹出的快捷菜单中选择"排列→下移一层"命令，如图 4-100 所示。

（34）复制导入的图像并将其粘贴到如图 4-101 所示的位置。

（35）在"图层9"的第88帧、第89帧处插入关键帧，选择第88帧，单击"文本工具" **T**，在舞台上输入文本"它们都是四边形，至少有一组对边平行。"如图 4-102 所示。

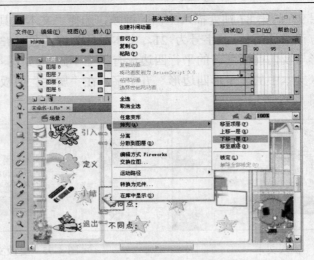

图 4-100　选择"排列→下移一层"命令

图 4-101　复制并粘贴图像

图 4-102　输入文本

（36）选择第 89 帧，单击"文本工具"**T**，在舞台上输入文本"右边两个图形有且只有一组对边平行。"如图 4-103 所示。

（37）新建"图层 10"，将"库"面板中的"后退"与"前进"按钮元件拖入到舞台上如图 4-104 所示的位置。

图 4-103　输入新的文本

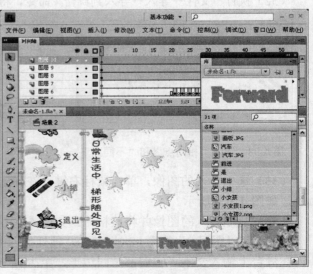

图 4-104　拖入按钮元件

（38）分别在"图层10"的第20帧、第27帧、第43帧、第65帧、第74帧、第86帧、第87帧、第88帧、第89帧处插入关键帧，如图4-105所示。

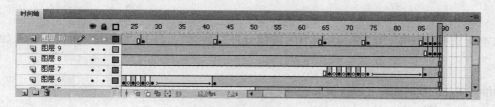

图4-105 插入关键帧

（39）选择"图层10"第1帧中的按钮元件"前进"，打开"动作"面板并输入如下代码：

```
on(press){
    gotoAndPlay(20);
}
```

（40）选择"图层10"第20帧中的按钮元件"后退"，打开"动作"面板并输入如下代码：

```
on(press){
    gotoAndPlay(1);
}
```

（41）选择"图层10"第20帧中的按钮元件"前进"，打开"动作"面板并输入如下代码：

```
on(press){
    gotoAndPlay(20);
}
```

（42）选择"图层10"第27帧中的按钮元件"后退"，打开"动作"面板并输入如下代码：

```
on(press){
    gotoAndPlay(20);
}
```

（43）选择"图层10"第27帧中的按钮元件"前进"，打开"动作"面板并输入如下代码：

```
on(press){
    gotoAndPlay(27);
}
```

（44）选择"图层10"第43帧中的按钮元件"后退"，打开"动作"面板并输入如下代码：

```
on(press){
    gotoAndPlay(27);
}
```

（45）选择"图层 10"第 43 帧中的按钮元件"前进"，打开"动作"面板并输入如下代码：

```
on(press){
    gotoAndPlay(43);
}
```

（46）选择"图层 10"第 65 帧中的按钮元件"后退"，打开"动作"面板并输入如下代码：

```
on(press){
    gotoAndPlay(42);
}
```

（47）选择"图层 10"第 65 帧中的按钮元件"前进"，打开"动作"面板并输入如下代码：

```
on(press){
    gotoAndPlay(65);
}
```

（48）选择"图层 10"第 74 帧中的按钮元件"后退"，打开"动作"面板并输入如下代码：

```
on(press){
    gotoAndPlay(65);
}
```

（49）选择"图层 10"第 74 帧中的按钮元件"前进"，打开"动作"面板并输入如下代码：

```
on(press){
    gotoAndPlay(74);
}
```

（50）选择"图层 10"第 86 帧中的按钮元件"后退"，打开"动作"面板并输入如下代码：

```
on(press){
    gotoAndPlay(74);
}
```

（51）选择"图层 10"第 86 帧中的按钮元件"前进"，打开"动作"面板并输入如下代码：

```
on(press){
        gotoAndPlay(87);
}
```

（52）选择"图层 10"第 87 帧中的按钮元件"后退"，打开"动作"面板并输入如下代码：

```
on(press){
        gotoAndPlay(86);
}
```

（53）选择"图层 10"第 87 帧中的按钮元件"前进"，打开"动作"面板并输入如下代码：

```
on(press){
        gotoAndPlay(88);
}
```

（54）选择"图层 10"第 88 帧中的按钮元件"后退"，打开"动作"面板并输入如下代码：

```
on(press){
        gotoAndPlay(87);
}
```

（55）选择"图层 10"第 88 帧中的按钮元件"前进"，打开"动作"面板并输入如下代码：

```
on(press){
        gotoAndPlay(89);
}
```

（56）选择"图层 10"第 89 帧中的按钮元件"后退"，打开"动作"面板并输入如下代码：

```
on(press){
        gotoAndPlay(88);
}
```

（57）新建"图层 11"，执行"文件→导入→导入到舞台"命令，将一幅图像导入到舞台上，如图 4-106 所示。

（58）新建"图层 12"，分别在第 20 帧、第 27 帧、第 43 帧、第 65 帧、第 74 帧、第 86 帧、第 87 帧、第 88 帧、第 89 帧处插入关键帧，如图 4-107 所示。

（59）分别为第 20 帧、第 27 帧、第 43 帧、第 65 帧、第 74 帧、第 86 帧、第 87 帧、第 88 帧、第 89 帧在"动作"面板中添加代码："stop();"。

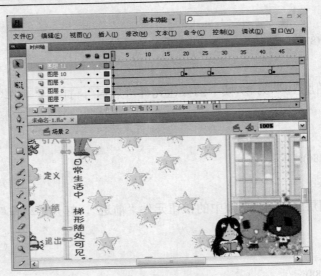

图 4-106　导入图像

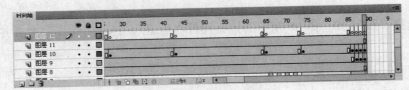

图 4-107　插入关键帧

编辑场景 3

（1）创建场景 3，在场景 3 中执行"文件→导入→导入到舞台"命令，将背景图像导入到舞台中，并在第 6 帧处按 F5 键插入帧，如图 4-108 所示。

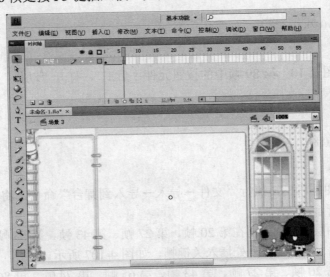

图 4-108　导入背景图像

（2）锁定"图层 1"，新建"图层 2"，执行"文件→导入→导入到舞台"命令，将一幅图像导入到舞台中，如图 4-109 所示。

（3）选择导入的图像，按 Ctrl+C 组合键复制，再按 Ctrl +V 组合键进行粘贴，重复此项操作，直至图像铺满舞台，如图 4-110 所示。

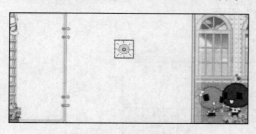
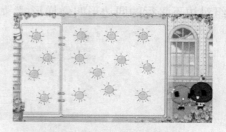

图 4-109　在"图层 2"导入图像　　　　　　　　　　图 4-110　复制粘贴图像

（4）在"时间轴"面板中新建"图层 3"，从"库"面板中分别将"引入"、"定义"、"小结"、"退出"按钮元件拖入到舞台上，如图 4-111 所示。

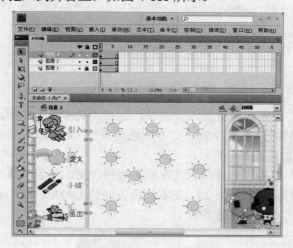

图 4-111　拖入按钮元件

（5）新建"图层 4"，执行"文件→导入→导入到舞台"命令，将一幅图像导入到舞台中，如图 4-112 所示。

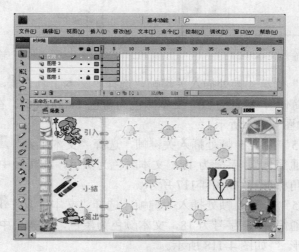

图 4-112　在"图层 4"导入图像

（6）新建"图层 5"，选择"文本工具"**T**，在"属性"面板中设置字体为"方正卡通简体"，字号为 18，文本颜色为黑色，在舞台中输入文本"1.梯形的定义：一组对边平行而另一组对边不平行的四边形叫做梯形。"如图 4-113 所示。

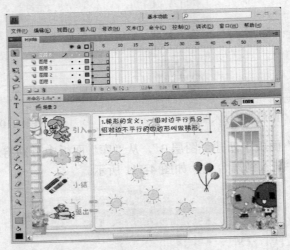

图 4-113　输入文本（1）

（7）在"图层 5"的第 2 帧处插入关键帧，选择"文本工具"**T**，在"属性"面板中设置字体为"方正卡通简体"，字号为 20，文本颜色为黄色（#996633），在舞台中输入文本"1：平行的两边叫做底。"如图 4-114 所示。

（8）在"图层 5"的第 3 帧处插入关键帧，选择"文本工具"**T**，在"属性"面板中设置字体为"方正卡通简体"，字号为 20，文本颜色为绿色（#00CC00），在舞台中输入文本"2：不平行的两边叫做腰。"如图 4-115 所示。

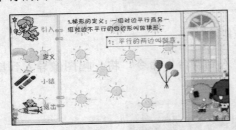

图 4-114　输入文本（2）

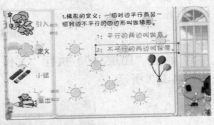

图 4-115　输入文本（3）

（9）在"图层 5"的第 4 帧处插入关键帧，选择"文本工具"**T**，在"属性"面板中设置字体为"方正卡通简体"，字号为 20，文本颜色为蓝色（#000066），在舞台中输入文本"3：两底的距离叫高。"如图 4-116 所示。

（10）在"图层 5"的第 5 帧处插入关键帧，选择"文本工具"**T**，在"属性"面板中设置字体为"方正卡通简体"，字号为 18，文本颜色为黑色，在舞台中输入文本"2.一腰垂直于底的梯形叫做直角梯形。"如图 4-117 所示。

（11）在"图层 5"的第 6 帧处插入关键帧，选择"文本工具"**T**，在"属性"面板中设置字体为"方正卡通简体"，字号为 18，文本颜色为黑色，在舞台中输入文本"3.两腰相等的梯形叫做等腰梯形。"如图 4-118 所示。

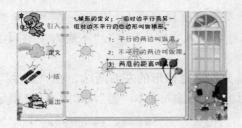

图 4-116　输入文本（4）

图 4-117　输入文本（5）

（12）新建"图层 6"，选择"线条工具" ，在"属性"面板中设置线条颜色为蓝色（#0000FF），"笔触"为 4，笔触"样式"为"实线"，如图 4-119 所示。

图 4-118　输入文本（6）

图 4-119　"属性"面板

（13）设置好线条工具的属性之后，拖动鼠标在舞台中绘制出如图 4-120 所示的梯形形状。

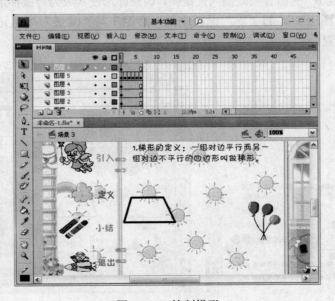

图 4-120　绘制梯形

（14）在"图层6"的第2帧处插入关键帧，分别选择梯形的上、下底，在"属性"面板中设置笔触颜色为黄色（#FFCC00），并在上、下底处输入文本"上底"、"下底"，如图4-121所示。

（15）在"图层6"的第3帧处插入关键帧，分别选择梯形的左右两边，在"属性"面板中设置笔触颜色为绿色（#00CC00），并在左右两边旁分别输入文本"腰"，如图4-122所示。

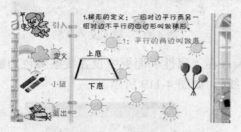

图4-121　输入文本（1）

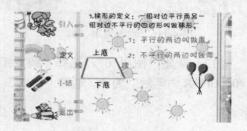

图4-122　输入文本（2）

（16）在"图层6"的第4帧处插入关键帧，选择"线条工具" ，按住Shift键，绘制一条同时与上、下底垂直的蓝色直线，如图4-123所示。

（17）在"图层6"的第5帧处插入关键帧，删除梯形左边的腰，如图4-124所示。

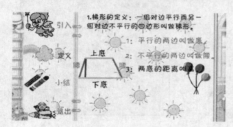

图4-123　绘制直线

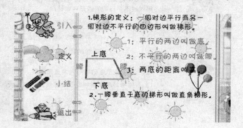

图4-124　删除左边的腰

（18）在"图层6"的第6帧处插入关键帧，调整梯形使其成为等腰梯形，如图4-125所示。

（19）新建"图层7"，将"库"面板中的"后退"与"前进"按钮元件拖入到舞台上如图4-126所示的位置。

图4-125　调整梯形

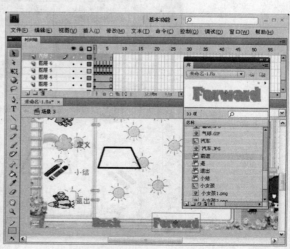

图4-126　拖入按钮元件

（20）分别在"图层 7"的第 2 帧、第 3 帧、第 4 帧、第 5 帧、第 6 帧处插入关键帧，如图 4-127 所示。

图 4-127　插入关键帧

（21）选择"图层 7"第 1 帧中的按钮元件"前进"，打开"动作"面板并输入如下代码：

```
on(press){
    gotoAndPlay(2);
}
```

（22）选择"图层 7"第 2 帧中的按钮元件"后退"，打开"动作"面板并输入如下代码：

```
on(press){
    gotoAndPlay(1);
}
```

（23）选择"图层 7"第 2 帧中的按钮元件"前进"，打开"动作"面板并输入如下代码：

```
on(press){
    gotoAndPlay(3);
}
```

（24）选择"图层 7"第 3 帧中的按钮元件"后退"，打开"动作"面板并输入如下代码：

```
on(press){
    gotoAndPlay(2);
}
```

（25）选择"图层 7"第 3 帧中的按钮元件"前进"，打开"动作"面板并输入如下代码：

```
on(press){
    gotoAndPlay(4);
}
```

（26）选择"图层 7"第 4 帧中的按钮元件"后退"，打开"动作"面板并输入如下代码：

```
on(press){
    gotoAndPlay(3);
}
```

（27）选择"图层 7"第 4 帧中的按钮元件"前进"，打开"动作"面板并输入如下代码：

```
on(press){
    gotoAndPlay(5);
}
```

（28）选择"图层 7"第 5 帧中的按钮元件"后退"，打开"动作"面板并输入如下代码：

```
on(press){
    gotoAndPlay(4);
}
```

（29）选择"图层 7"第 5 帧中的按钮元件"前进"，打开"动作"面板并输入如下代码：

```
on(press){
    gotoAndPlay(6);
}
```

（30）选择"图层 7"第 6 帧中的按钮元件"后退"，打开"动作"面板并输入如下代码：

```
on(press){
    gotoAndPlay(5);
}
```

（31）新建"图层 8"，执行"文件→导入→导入到舞台"命令，将一幅小女孩读书的图像导入到舞台的右下方，如图 4-128 所示。

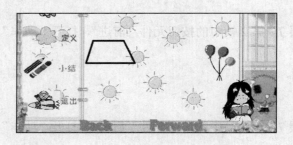

图 4-128　导入图像

（32）新建"图层 9"，分别在该层的第 2 帧、第 3 帧、第 4 帧、第 5 帧、第 6 帧处插入关键帧，如图 4-129 所示。

图 4-129　插入关键帧

（33）分别在"动作"面板中为第 1 帧、第 2 帧、第 3 帧、第 4 帧、第 5 帧、第 6 帧添加代码："stop();"。

编辑场景 4

（1）创建场景 4，在场景 4 中执行"文件→导入→导入到舞台"命令，将背景图像导入到舞台中，如图 4-130 所示。

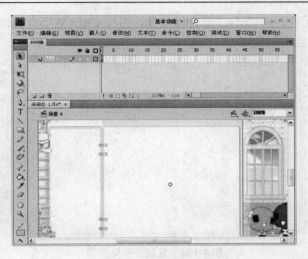

图 4-130　导入背景图像

（2）锁定"图层 1"，新建"图层 2"，执行"文件→导入→导入到舞台"命令，将一幅图像导入到舞台中，如图 4-131 所示。

（3）选择导入的图像，按 F8 键，在弹出的"转换为元件"对话框中将其转换为图形元件，如图 4-132 所示。完成后单击"确定"按钮。

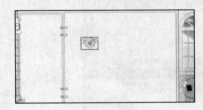

图 4-131　导入图像

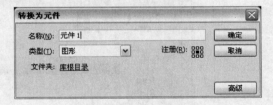

图 4-132　"转换为元件"对话框

（4）选择转换的图形元件，在"属性"面板中将其"Alpha"值设置为"40%"，如图 4-133 所示。

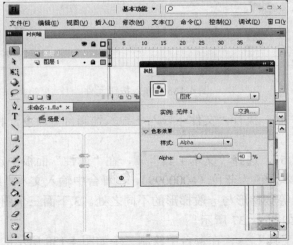

图 4-133　设置"Alpha"值

（5）选择图形元件，按 **Ctrl+C** 组合键复制，再按 **Ctrl +V** 组合键进行粘贴，重复此项操作，直至图像铺满舞台，如图 4-134 所示。

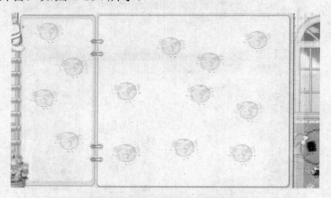

图 4-134　复制并粘贴图像

（6）在"时间轴"面板中新建"图层 3"，从"库"面板中分别将"引入"、"定义"、"小结"、"退出"按钮元件拖入到舞台上，如图 4-135 所示。

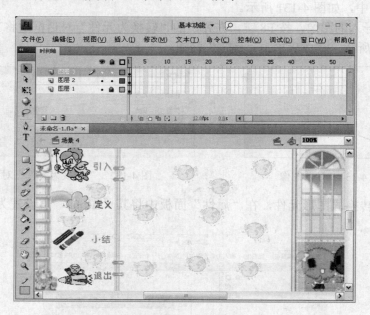

图 4-135　拖入按钮元件

（7）新建"图层 4"，执行"文件→导入→导入到舞台"命令，将一幅图像导入到舞台中，如图 4-136 所示。

（8）新建"图层 5"，选择"文本工具" **T**，在"属性"面板中设置字体为"方正卡通简体"，字号为 25，文本颜色为蓝色（#000099），在舞台中输入文本"1.请说出梯形与四边形的不同之处。2.请说出等腰梯形与一般梯形的不同之处。3.下面三个图形分别属于什么图形，各自的特点是什么？"如图 4-137 所示。

（9）选择"线条工具" ，在舞台中绘制三个如图 4-138 所示的图形。

（10）新建"图层 6"，选择第 1 帧，在"动作"面板中添加代码："stop();"。

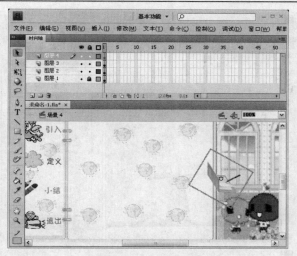

图 4-136　导入图像

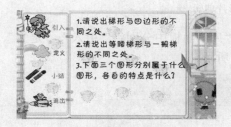

图 4-137　输入文本

图 4-138　绘制图形

编辑场景 5

（1）创建场景 5，在场景 5 中执行"文件→导入→导入到舞台"命令，将背景图像导入到舞台中，如图 4-139 所示。

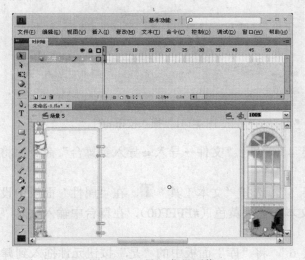

图 4-139　导入背景图像

（2）锁定"图层 1"，新建"图层 2"，从"库"面板中将"户外"影片剪辑元件拖入到舞台中，如图 4-140 所示。

图 4-140　拖入影片剪辑

（3）在"时间轴"面板中新建"图层 3"，从"库"面板中分别将"引入"、"定义"、"小结"、"退出"按钮元件拖入到舞台上，如图 4-141 所示。

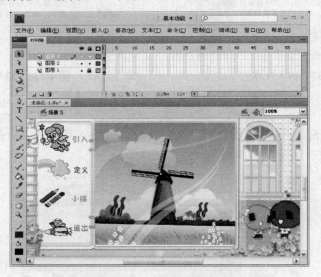

图 4-141　拖入按钮元件

（4）新建"图层 4"，执行"文件→导入→导入到舞台"命令，将一幅图像导入到舞台中，如图 4-142 所示。

（5）新建"图层 5"，选择"文本工具" **T**，在"属性"面板中设置字体为"方正综艺简体"，字号为 38，文本颜色为黄色（#FFFF00），在舞台中输入文本"你真的要退出吗？"如图 4-143 所示。

（6）新建"图层 6"，将"库"面板中的"是"按钮元件拖入到舞台上如图 4-144 所示的位置。

图 4-142　导入图像

图 4-143　输入文本

图 4-144　拖入按钮元件"是"

（7）选择舞台中的"是"按钮元件，在"动作"面板中输入如下代码：

```
on(press){
        fscommand("quit")
}
```

（8）将"库"面板中的"不"按钮元件拖入到舞台上如图 4-145 所示的位置。

图 4-145　拖入按钮元件"不"

（9）选择舞台中的元件"不"按钮元件，在"动作"面板中输入如下代码：

```
on(press){
    gotoAndPlay("场景 1",1);
}
```

（10）新建"图层7"，将"库"面板中的"蝴蝶飞"影片剪辑元件拖入到舞台上，如图 4-146 所示。

图 4-146　拖入影片剪辑元件

（11）新建"图层8"，选择第1帧，在"动作"面板中添加代码：stop();。

测试影片

（1）执行"文件→保存"命令，打开"另存为"对话框，在"保存在"下拉列表中选择保存路径，在"文件名"文本框中输入动画名称，如图 4-147 所示。完成后单击"保存"按钮。

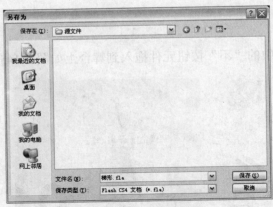

图 4-147　保存文档

（2）按 Ctrl+Enter 组合键测试动画，即可看到制作的课件动画效果，如图 4-148 所示。

图 4-148　测试动画

知识点总结

本课件运用了创建元件功能，创建各种按钮元件及影片剪辑元件；使用导入功能，将课件中需要的素材导入舞台；使用补间动画技术，编辑出梯形位置移动的效果；使用 ActionScript 程序，编辑出场景切换、播放时间的控制、关闭播放窗口等交互动画效果。

在 Flash 中，对于需要重复使用的资源可以将其制作成元件，然后从"库"面板中拖曳到舞台上使其成为实例。合理地利用元件、库和实例，对提高影片制作效率有很大的帮助。

按钮元件是 Flash 影片中创建互动功能的重要组成部分，在影片中响应鼠标的点击、滑过及按下等动作，然后响应的事件结果传递给创建的互动程序进行处理。

在按钮编辑区，可以看到时间轴中已不再是我们所熟悉的带有时间标尺的时间栏，取代时间标尺的是 4 个空白帧，分别为"弹起"、"指针经过"、"按下"和"点击"，分别代表了按钮的 4 种不同状态，其含义如下：

（1）弹起：按钮在通常情况下呈现的状态，即鼠标不在此按钮上或者未单击此按钮时的状态。

（2）指针经过：鼠标指向状态，即当鼠标移动至该按钮上但没有按下此按钮时所处的状态。

（3）按下：鼠标按下该按钮时，按钮所处的状态。

（4）点击：这种状态下可以定义响应按钮事件的区域范围，只有当鼠标进入到这一区域时，按钮才开始响应鼠标的动作。另外，这一帧仅仅代表一个区域，并不会在动画选择时显示出来。通常，该范围不用特别设定，Flash 会自动依照按钮的"弹起"或"指针经过"状态时的面积作为鼠标的反应范围。

Flash 库中的文件类型除了 Flash 电影的三种角色元件类型（图形、按钮和影片剪辑）还包括其他的素材文件。一个复杂的 Flash 影片中还可能会使用到一些位图、声音、视频、文字字型等素材文件，每种文件将被作为独立的对象储存在元件库中，并且用对应的元件符号来显示其文件类型。

拓展训练

为了更加明确地了解新旧版本的不同，体现新版本带来的便捷，下面使用 Flash CS3 制作一个交互控制图像切换的效果，如图 4-149 所示。

图 4-149　切换图像

关键步骤提示：

（1）运行 Flash CS3，执行"文件→导入→导入到库"命令，将 5 幅图像导入到"库"面板中。新建一个名为"更换图像"的影片剪辑，在"更改图像"影片剪辑编辑窗口中，分别在"图层 1"的第 1 帧～第 5 帧处插入空白关键帧。分别将"库"面板中的 5 幅图像拖到到对应的帧中，如图 4-150 所示。

图 4-150　拖入图像

（2）在第 1 帧处单击鼠标右键，在弹出的快捷菜单中选择"动作"命令，打开"动作"面板，添加语句："stop( );"。

（3）返回到场景窗口中，将"更换图像"影片剪辑拖到舞台上，并在"属性"面板中定义元件实例名为"mov"，如图 4-151 所示。

图 4-151 定义元件实例名

定义元件实例名是为了便于用 ActionScript 语句控制影片。

（4）新建一个图层，执行"窗口→公用库→按钮"命令，打开"按钮"库，打开"库"中的 Circle Buttons 文件夹，从中拖出 circle button-next 和 circle button-previous 两个按钮放在舞台的左侧，如图 4-152 所示。

图 4-152 在舞台上加入按钮

（5）在向右箭头按钮上单击鼠标右键，在弹出的快捷菜单中选择"动作"命令，在"动作"面板中添加如下的代码：

```
on (release) {
        with(mov) {
                nextFrame( );
        }
}
```

（6）在向左箭头按钮上单击鼠标右键，在弹出的快捷菜单中选择"动作"命令，在"动作"面板中添加如下的代码：

```
on(release) {
        with(mov) {
                prevFrame();
        }
}
//释放按钮后，跳到影片剪辑的前一帧
```

（7）按 Ctrl+Enter 组合键打开测试影片窗口，单击按钮即可切换显示图像。

职业快餐

课件主要分为教师演示型、学生学习型。演示型课件是教师用于课堂辅助教学的，一定要有很强的针对性，要突破一个或几个难点，画面简洁清晰，色彩对比强，并且易于操作；学习型课件是学生自己操作的，所以要做到结构清晰，导航清楚，内容全面，重点突出，强调趣味性；画面要做得漂亮一点，色彩要鲜艳一些，并配上恰当的音乐和音效，同时按钮还必须标注清楚，易于学生理解和操作。

课件的华丽、美观是必要的，但重要的还是它的实际功能和效果。有的课件装饰得华丽无比，不必用动画也用动画，不该加声音也加声音，但不注重课件的实际功能和作用。这样的课件虽然看起来很好，但课堂使用时实际效果却适得其反，学生的注意力常常被吸引到教学内容以外的其他地方，没有起到辅助教学的作用，背离了课件制作与使用的初衷。

课件中的字体要便于识别，颜色搭配要合理。有的老师为了把课件做得漂亮些，用了很多不同的、也不太常见的字体，虽然好看，但却难以辨认。还有过多地使用鲜艳的色彩，既容易造成眼睛的疲劳，又容易分散学生的注意力。

动画是课件制作时常用的最重要的手段，它会使课件更加活泼、生动、有趣，能调动学生的学习热情，表现出其他教具无法表现的内容。因此，大多数的优秀课件都离不开动画，但使用动画必须把握好"度"。有的课件在出示板书时，不断改变文字或图片进入画面的动作，把板书变得"新奇"和"好玩"，使学生眼花缭乱，课件反而失去了重点。

案例 5

给用户的

休闲小游戏

素材路径：源文件与素材\案例 5\素材

源文件路径：源文件与素材\案例 5\源文件\休闲小游戏.fla

情景再现

　　吉百服饰在我们这座城市是一家很知名的针对年轻人的休闲服装公司，也是我们公司的大客户。

　　这天刚刚上班没多久，桌子上的电话就响起来，接起来一听，原来正是吉百服饰的经理打来的，他说："小张啊，我最近看了看我们新改版的网站，做的是很不错啊，很多客户也给我们留言说我们网站，做的很棒，要谢谢你啊。""呵呵，王经理客气了，这是我们应该做的，客户的满意就是我们最大的动力啊。"

　　"小张啊，今天找你是有件事情想让你帮帮忙。"

　　"王经理，你有事就说，能做到的我们一定会做，不会做的创造条件也要做，呵呵。"

　　"呵呵，是这样的，我最近去看了看其他一些网站，发现他们很多都在自己的网站中加入了可以供客户玩的休闲小游戏，我觉得这个创意很不错，所以也想在我们的网站上弄一些，这不就来找你了。""是这个啊，呵呵您放心吧，我尽快给您做一些又有趣又好玩的游戏。"

任务分析

● 由于吉百服饰主要是针对年轻人的市场，游戏一定符合年轻人的喜好。

● 在游戏中要突出吉百服饰，加深人们对该公司的印象。

● 游戏要采用记分制，并根据游戏者玩的好坏分别作出评分与评语，使得到低分的游戏者为了高分而经常来玩。

流程设计

首先制作开始的开始画面，再制作游戏影片剪辑，接着制作游戏结束后的评语，然后制作按钮元件，编辑游戏画面，最后制作返回按钮并测试游戏。

任务实现

制作开始画面

（1）运行 Flash CS4，新建一个 Flash 空白文档。执行"修改→文档"命令，打开"文档属性"对话框，将"背景颜色"设置为黑色，如图 5-1 所示。设置完成后单击"确定"按钮。

图 5-1　"文档属性"对话框

（2）使用"文本工具" **T** 在舞台上输入文字"吉百休闲小游戏之打地鼠"，字体选择"综艺体"，字号为 31，颜色为红色（#CC0000），如图 5-2 所示。

图 5-2　输入文字

（3）使用"椭圆工具" ⬭ 在舞台上绘制一个边框为橙色（#FF9933）、无填充色的椭圆。然后执行"文件→导入→导入到舞台"命令，将一幅图片导入到舞台中，并且将其移动到椭圆的中心位置，如图 5-3 所示。

（4）执行"插入→新建元件"命令，弹出"创建新元件"对话框，在"名称"文本框中输入"开始"，在"类型"下拉列表中选择"按钮"选项，如图 5-4 所示。完成后单击"确定"按钮进入元件编辑区。

图 5-3　导入图像　　　　　　　　　　　　　　　图 5-4　"创建新元件"对话框

（5）在按钮元件"开始"的编辑状态下，选择"矩形工具"，在"属性"面板中将圆角半径设置为"15"，如图 5-5 所示。

（6）拖动鼠标在工作区中绘制一个边框为橙色（#FF9933）、填充色为灰色（#999999）的圆角矩形，如图 5-6 所示。

图 5-5　"属性"面板　　　　　　　　　　　　图 5-6　绘制圆角矩形

（7）选择"文本工具"，在圆角矩形中心位置处输入"开始"两个字，字体选择"方正粗倩简体"，字号为 17，颜色为黑色，字母间距为 3，如图 5-7 所示。

（8）分别在"指针经过"处与"按下"处插入关键帧。然后选中"指针经过"处的内容，使用"任意变形工具"将其放大一些，如图 5-8 所示。

（9）按照同样的方法新建一个"退出"按钮元件，如图 5-9 所示。

图 5-7 输入文字

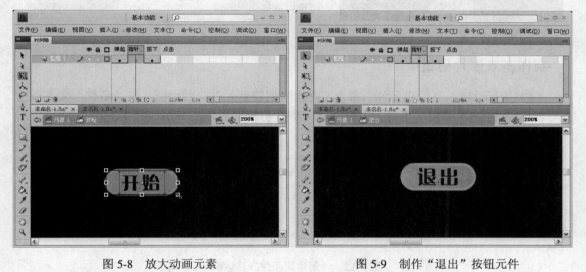

图 5-8 放大动画元素　　　　　　　　　图 5-9 制作"退出"按钮元件

（10）回到主场景，从"库"面板里将按钮元件"开始"与"退出"拖入到舞台上如图 5-10 所示的位置。

（11）选中舞台上的"开始"按钮，在"动作"面板中添加如下代码：

```
on (release) {
    gotoAndStop(2);
}
```

（12）选中舞台上的"退出"按钮，在"动作"面板中添加如下代码：

```
on (release) {
    fscommand("quit");
}
```

（13）新建一个图层，并把它命名为"背景"，然后执行"文件→导入→导入到舞台"命令，将一幅背景图像导入到舞台中，并将"背景"层拖动到"图层 1"的下方，如图 5-11 所示。

图 5-10　拖入按钮元件

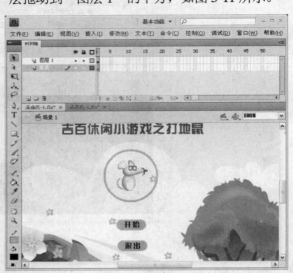

图 5-11　导入图像

制作游戏影片剪辑

（1）执行"插入→新建元件"命令，弹出"创建新元件"对话框，在"名称"文本框中输入"dishu"，在"类型"下拉列表中选择"影片剪辑"选项，如图 5-12 所示。完成后单击"确定"按钮。

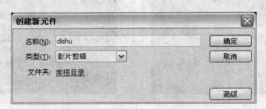

图 5-12　"创建新元件"对话框

（2）在影片剪辑"dishu"的编辑状态下，执行"文件→导入→导入到舞台"命令，将一幅图像导入到工作区中，如图 5-13 所示。

（3）选中工作区中的地鼠，按 F8 键将其转换为图形元件，名称保持默认。在时间轴上的第 2 帧处插入关键帧。使用键盘上的方向键将地鼠向上和向左各移动 10 个像素。然后在时间轴上的第 3 帧、第 7 帧、第 14 帧处插入关键帧，选中第 3 帧中的地鼠，使用"任意变形工具"　将其变成脸朝右方，如图 5-14 所示。

（4）在第 13 帧处插入空白关键帧。然后选中第 14 帧处的地鼠，使用"任意变形工具"　将其向右旋转 30°左右。完成后选中时间轴上的第 14 帧，在"属性"面板中将帧标签设置为"hit"，如图 5-15 所示。最后在时间轴上的第 19 帧处插入帧。

（5）执行"插入→新建元件"命令，弹出"创建新元件"对话框，在"名称"文本框中输入"按钮"，在"类型"下拉列表中选择"按钮"选项，如图 5-16 所示。完成后单击"确定"按钮。

图 5-13 导入图像　　　　　　　　　　图 5-14 调整图形

图 5-15 设置帧标签

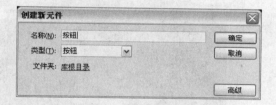

图 5-16 "创建新元件"对话框

（6）在按钮元件的编辑状态下，在"点击"处插入关键帧。使用"矩形工具"　在工作区中绘制一个无边框、填充色为任意色的矩形，如图 5-17 所示。

（7）按 F11 键打开"库"面板，如图 5-18 所示。在"库"面板中双击"dishu"影片剪辑，即可跳转到影片剪辑"dishu"的编辑状态下。

（8）新建一个图层，并把它命名为"打击"。然后从"库"面板里将按钮元件拖入到工作区中。最后在"打击"层的第 13 帧处插入空白关键帧，如图 5-19 所示。

（9）新建一个图层，并把它命名为"头晕"。在"头晕"层的第 14 帧处插入关键帧，然后选中"图层 1"上第 14 帧处的地鼠，将其复制到"头晕"层的第 14 帧处。最后选中"头晕"层第 14 帧处的地鼠，使用"任意变形工具"　将其中心点调整到如图 5-20 所示的位置。

（10）在"头晕"层的第 15～19 帧处插入关键帧。然后使用"任意变形工具"　将第 15 帧与第 17 帧处的地鼠向左旋转 10° 左右；将第 16 帧与第 18 帧处的地鼠向右旋转 10° 左右，如图 5-21 所示。

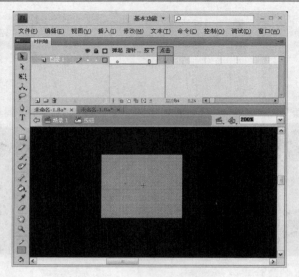

图 5-17 绘制矩形

图 5-18 "库"面板

图 5-19 拖入按钮元件

图 5-20 调整中心点

（11）选中"头晕"层的第 16 帧，执行"文件→导入→导入到舞台"命令，将一幅图像导入到工作区中，如图 5-22 所示。

（12）新建一个图层，并把它命名为"Action"。选中"Action"层的第 1 帧，在"动作"面板中添加代码："stop();"。然后在"Action"层的第 13 帧处插入关键帧，在"动作"面板中添加如下代码：

```
stop();

this._visible = false;
this.gotoAndStop(1);
```

（13）在"Action"层的第 22 帧处插入关键帧，在"动作"面板中添加如下代码：

```
stop();
```

```
this._visible = false;
this.gotoAndStop(1);
```

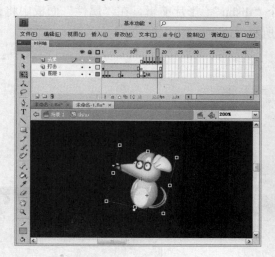

图 5-21　旋转图形

图 5-22　导入图像

（14）选中"打击"层第 1 帧处的按钮元件，在"动作"面板中添加如下代码：

```
on (press) {
    gotoAndPlay("hit");
    _root.sinker.gotoAndPlay(2);
    _root.score = _root.score+1;
}
```

（15）回到主场景，分别在"背景"层与"图层 1"的第 2 帧处插入空白关键帧，选择"背景"层的第 2 帧，执行"文件→导入→导入到舞台"命令，将一幅背景图像导入到舞台中，如图 5-23 所示。

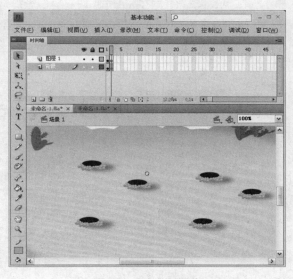

图 5-23　导入新图像

（16）选择"图层1"的第2帧，从"库"面板里连续拖出6个影片剪辑"dishu"到舞台中的地洞处，如图5-24所示。

（17）分别选中这些地鼠，也就是这6个"dishu"影片剪辑，在"属性"面板中将它们的实例名分别设置为rat1～rat6，如图5-25所示。

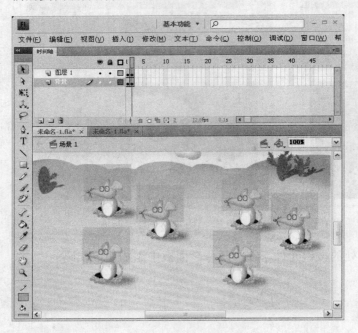

图 5-24　拖入影片剪辑　　　　　　　　　　　　　　　图 5-25　设置实例名

（18）新建一个图层，并在该层的第2帧处插入关键帧。然后在舞台上添加两个动态文本框，并分别在这两个动态文本框的左方使用"文本工具" **T** 输入"分数"与"时间"，如图5-26所示。

图 5-26　添加动态文本框与输入文本

（19）分别选中这两个动态文本框，在"属性"面板中将它们的变量名分别设置为"score"与"time"，如图 5-27 与图 5-28 所示。

图 5-27　设置变量 score

图 5-28　设置变量 time

制作评语

（1）执行"插入→新建元件"命令，弹出"创建新元件"对话框，在"名称"文本框中输入"pingyu"，在"类型"下拉列表中选择"影片剪辑"选项，如图 5-29 所示。完成后单击"确定"按钮进入元件编辑区。

（2）在影片剪辑"pingyu"的编辑状态下，执行"修改→文档"命令，打开"文档属性"对话框，在对话框中将"背景颜色"设置为黄色（#FF9900），如图 5-30 示。完成后单击"确定"按钮。

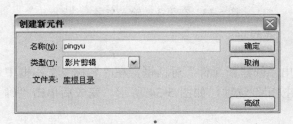

图 5-29　"创建新元件"对话框

图 5-30　更改背景颜色

制作说明： 因为要输入的文本颜色是黑色，将文档背景颜色由黑色更改为黄色可以方便在影片剪辑中进行编辑，等游戏制作完成后再将文档背景颜色改回黑色。

（3）在"图层 1"的第 2 帧与第 3 帧处插入关键帧。然后选中"图层 1"的第 1 帧，使用"文本工具" **T** 在工作区中输入文字"吉百给您的悄悄话：您真有一套！"如图 5-31 所示。字体选择"幼圆"，字号为 30，字体颜色为黑色，并且加粗显示。

（4）分别选择"图层 1"的第 2 帧与第 3 帧，使用"文本工具" **T** 在工作区中输入"要加油哦！"和"有点笨哦！"如图 5-32 与图 5-33 所示。

（5）新建一个图层，并选中该层的第 1 帧，在"动作"面板中添加代码："stop();"。

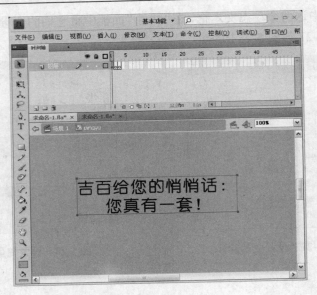

图 5-31　输入文字

图 5-32　在第 2 帧输入文字

图 5-33　在第 3 帧输入文字

制作"重来"按钮

（1）执行"插入→新建元件"命令，弹出"创建新元件"对话框，在"名称"文本框中输入"重来"，在"类型"下拉列表中选择"按钮"选项，如图 5-34 所示。完成后单击"确定"按钮进入元件编辑区。

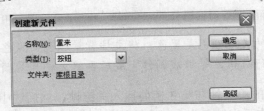

图 5-34　"创建新元件"对话框

（2）在按钮元件"重来"的编辑状态下，选择"矩形工具" ，在"属性"面板中将圆角半径设置为"15"，如图 5-35 所示。

（3）拖动鼠标在工作区中绘制一个无边框、填充为浅蓝色（#CEE1F5）的圆角矩形，如图 5-36 所示。

图 5-35　"属性"面板

图 5-36　绘制圆角矩形

（4）选择"文本工具" T，在圆角矩形中心位置处输入"重新开始"4 个字，字体选择"方正粗倩简体"，字号为 16，颜色为黑色，字母间距为 2，如图 5-37 所示。

（5）分别在"指针经过"帧、"按下"帧、"点击"帧处按 F6 键，插入关键帧，然后选择"指针经过"帧处的内容，使用"任意变形工具" 将其放大一些，如图 5-38 所示。

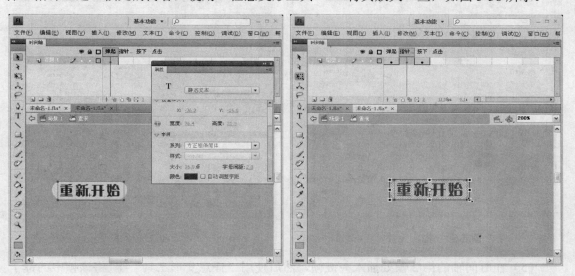

图 5-37　输入文字　　　　　　　　　　　　图 5-38　放大文字

编辑主场景

（1）回到主场景，在"背景"层与"图层 3"的第 3 帧处插入帧。然后新建一个图层，并把它命名为"结果"。在"结果"层的第 3 帧处插入关键帧，从"库"面板里将影片剪辑"pingyu"和按钮元件"重来"拖入到舞台中，如图 5-39 所示。

（2）选中舞台上的影片剪辑"pingyu"，在"动作"面板中添加如下代码：

```
onClipEvent (load) {
    if (_root.score>=_root.highscore) {
        gotoAndStop(1);
    } else if (_root.score>=_root.lowscore && _root.score<_root.highscore) {
        gotoAndStop(2);
```

```
    } else if (_root.score<_root.lowscore) {
        gotoAndStop(3);
    }
}
```

（3）选中舞台上的按钮元件"重来"，在"动作"面板中添加如下代码：

```
on (release) {
    gotoAndStop(2);
}
```

（4）按 Ctrl+F8 组合键，新建一个影片剪辑，将其名称设置为"锤"。在影片剪辑"锤"的编辑状态下，执行"文件→导入→导入到舞台"命令，将一幅图像导入到工作区中，如图 5-40 所示。

图 5-39　拖入元件

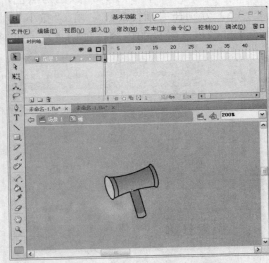

图 5-40　导入图像

（5）在时间轴的第 2 帧处插入关键帧，然后使用"任意变形工具" 将该帧中的锤子向左旋转 30°，如图 5-41 所示。

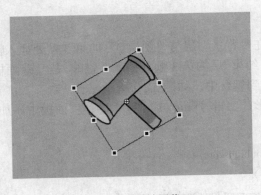

图 5-41　旋转图像

制作说明：将锤子旋转是为了制作锤子向左敲下的动画。

（6）新建一个图层，并选中该层的第 1 帧，在"动作"面板中添加代码："stop();"。回到主场景，选中"图层 1"的第 2 帧，从"库"面板里将影片剪辑"锤"拖入到舞台的上方，如图 5-42 所示。

（7）选择舞台上的影片剪辑"锤"，在"属性"面板中将其实例名设置为"sinker"，如图 5-43 所示。

图 5-42　拖入影片剪辑

图 5-43　设置实例名

（8）新建一个图层，并把它命名为"as"。选中"as"层的第 1 帧，在"动作"面板中添加如下代码：

```
stop();
Mouse.show();
```

（9）在"as"层的第 2 帧处插入关键帧，然后在"动作"面板中添加如下代码：

```
var allrat = 6;
var time = 60;
var score = 0;
var highscore = 60;
var lowscore = 15;
Mouse.hide();
_root.sinker.startDrag(true);
for (i=1; i<=allrat; i++) {
        _root["rat"+i]._visible = false;
}
function timeshow() {
        time = time-1;
}
```

```
function ratshow() {
    enshow = Math.floor(Math.random()*allrat)+1;
    _root["rat"+enshow]._visible = true;
    _root["rat"+enshow].play();
}
intervaltime = Math.floor(Math.random()*500)+500;
ratshowlap = setInterval(ratshow, intervaltime);
timelap = setInterval(timeshow, 1000);
_root.createEmptyMovieClip("box", 0);
_root.box.onEnterFrame = function() {
    if (time<=0) {
        clearInterval(_root.timelap);
        clearInterval(_root.ratshowlap);
        // var unshow = 0;
        // for (i=1; i<=allrat; i++) {
        // if (_root["rat"+i]._visible == false) {
        // unshow = unshow+1;
        // }
        // }
        // if (unshow == allrat) {
        _root.gotoAndStop(3);
        // }
    }
};
_root.box.onMouseMove = function() {
    updateAfterEvent();
};
```

（10）在"as"层的第 3 帧处插入关键帧，然后在"动作"面板中添加如下代码：

```
Mouse.show();
```

制作"返回"按钮

（1）执行"插入→新建元件"命令，弹出"创建新元件"对话框，在"名称"文本框中输入"返回"，在"类型"下拉列表中选择"按钮"选项，如图 5-44 所示。完成后单击"确定"按钮进入元件编辑区。

（2）在按钮元件"返回"的编辑状态下，选择"矩形工具"█绘制一个圆角半径设置为 15、无边框、填充为浅蓝色（#CEE1F5）的圆角矩形，如图 5-45 所示。

（3）选择"文本工具"**T**，在圆角矩形中心位置处输入"返回主菜单"4 个字，字体选择"方正粗倩简体"，字号为 17，颜色为黑色，字母间距为 2，如图 5-46 所示。

（4）分别在"指针经过"帧、"按下"帧、"点击"帧处按 F6 键，插入关键帧，然后选择"指针经过"帧处的内容，使用"任意变形工具" 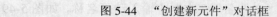 将其放大一些，如图 5-47 所示。

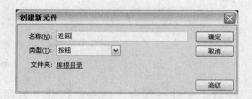

图 5-44　"创建新元件"对话框

图 5-45　绘制圆角矩形

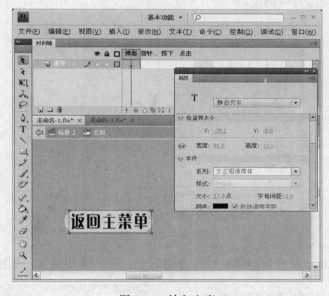

图 5-46　输入文字

（5）回到主场景，选中"背景"层的第 2 帧，从"库"面板里将按钮元件"返回"拖入到舞台中，如图 5-48 所示。

图 5-47　放大内容

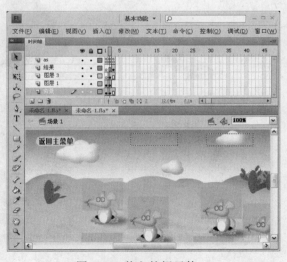

图 5-48　拖入按钮元件

（6）选中舞台上的按钮元件"返回"，在"动作"面板中添加如下代码：

```
on (release) {
    gotoAndStop(1);
}
```

测试影片

（1）将文档"背景颜色"设置为黑色，执行"文件→保存"命令，打开"另存为"对话框，在"保存在"下拉列表中选择保存路径，在"文件名"文本框中输入动画名称，如图 5-49 所示。完成后单击"保存"按钮。

图 5-49　保存文档

（2）按 Ctrl+Enter 组合键测试动画，即可看到制作的游戏效果，如图 5-50 所示。

图 5-50　测试游戏

知识点总结

本例主要运用了导入功能、创建按钮元件功能与 ActionScript 技术。Flash 中提供了一种动作脚本语言 ActionScript（动作脚本），通过对相应语句的调用来实现一些特殊的功能。

Flash 中控制动画的播放和停止、控制动画中音效的大小、指定鼠标动作、实现网页的链接、制作精彩游戏以及创建交互网页等操作，都可以用动作语言来实现。目前它已经成为 Flash 中不可缺少的重要组成部分之一，是 Flash 强大交互功能的核心。

在 Flash CS4 中，常用的 ActionScript 语句有很多，其中主要的有以下几类：

1．场景/帧控制语句

场景/帧控制语句主要是用来控制影片的播放，下面我们主要介绍几种比较常用的语句。

（1）Play

Play 命令用来指定时间上的播放头从某帧开始播放，其语句格式如下：

```
Play();
```

圆括号中可以输入指定的帧。

例如，以下语句表示当鼠标经过，则从开始播放：

```
on(rollOver){
        gotoAndPlay();
}
```

（2）stop

默认的 Flash 动画将会从第一帧开始播放，并循环播放，如果我们希望在某个时间让动画停止，就会用到 stop 这个命令。

```
stop();
```

例如，以下语句表示当鼠标单击时，则停止：

```
on(press){
        stop();
}
```

（3）gotoAnd

gotoAnd 表示跳到某一帧并且伴有别的动作，该语句可以和 play 或 stop 命令配合使用，例如：

"gotoAndPlay();"表示跳转到并从某帧开始播放；gotoAndStop("");表示跳转到某帧并停止；""里表示帧标识

2．影片剪辑控制语句

影片剪辑控制语句可用来设置和调整影片剪辑的属性，常用语句如下：

（1）duplicateMovieClip()

duplicateMovieClip()用于复制场景中指定的影片剪辑，并给新复制的对象设置名称和深度，深度是指新复制对象的叠放次序，深度高的对象会遮挡住深度低的对象，其格式为：

```
duplicateMovieClip(target,newname,depth);
```

语句中的 target 表示要复制对象的路径，newname 表示新复制对象的名称，depth 表示新复制对象的深度。

例如：

```
duplicateMovieClip("box","box"+i,i);
```

表示复制场景中实例名称为 box 的影片剪辑，新复制对象的实例名称为"box"+i，深度为 i。

（2）setProperty

setProperty 的作用是当影片播放时，调整或更改影片剪辑的属性值，其格式为：

```
setProperty(target,property,value/expression);
```

语句中的 target 表示要设置其属性的影片剪辑实例的路径，property 是要设置的属性，value 是要修改或调整的数值，expression 表示将公式中计算的值作为属性的新值。

例如：

setProperty("box",_alpha, "50");

表示将场景中实例名称为 box 的影片剪辑的透明属性设置为 50。

（3）loadMovie

loadMovie 语句用于加载外部的 swf 格式的影片到当前正在播放的影片中，其格式为：

anyMovieClip.loadMovie(url,target,method)

语句中的 url 表示绝对或相对的 URL 地址，target 表示对象的路径，method 表示数据传送的方法，如有变量要一起送出时，可以使用 GET 或 POST，该项可以为空。

例如：

on(release){
clipTarget.loadMovie("box.swf",get);
}

表示当释放按钮时，程序会导入外部的 box.swf 影片到当前的场景。

（4）removeMovieClip

removeMovieClip 的作用是删除指定的影片剪辑，其格式如下：

removeMovieClip(target)

语句中的 target 表示要删除的影片剪辑的实例名称。

例如：

removeMovieClip(box)

（5）startDrag

startDrag 用来拖动场景中的指定对象。执行时，被执行的对象会跟着鼠标光标的位置移动。其语法格式如下：

startDrag(target);

startDrag(target,[lock]);
startDrag(target,[lock],[left,top,right,down]);

语句中的 target 是指影片中目标剪辑的实例名称的路径，lock 表示以布尔值 (true,false) 判断对象是否锁定鼠标光标中心点，当布尔值为 true 时，影片剪辑的中心点锁定鼠标光标的中心点。left,top,right,down 表示对象在场景上可拖动的上下左右边界，当 lock 为 true 时，才能设置边界参数。

例如：

startDrag("box");//开始拖动 box 对象

startDrag(_root.box,true);//开始拖动场景上 box 对象，拖动时对象的中心点自动锁定鼠标光标中心点

3．属性设置语句

属性设置主要是指设置对象的透明度、显示比例、旋转角度以及坐标值等属性。在 Flash CS4 中，常用于属性设置的 ActionScript 语句有以下几个：

（1）_alpha

_alpha 是指影片剪辑的透明属性，选择影片剪辑后，透明属性可以在"属性"面板中的颜色选项中找到，也可以使用 ActionScript 语句来控制。其格式如下：

intanceName._alpha;
intanceName._alpha=value;

在上面的语句中，intanceName 表示影片剪辑的实例名称，_alpha 表示透明属性，value 表示透明度的数值，其取值范围在 0~100 之间，数值越小，越透明，取值为 0 则为完全透明。

该语句有两种写法。

第一种写法：

setProperty(box,_alpha,50);//设置 box 的透明属性为 50

第二种写法：

box._alpha=28;//设置 box 的透明属性为 28

（2）_xscale

_xscale 是用来调整影片剪辑从注册点开始应用的水平缩放比例。

缩放本地坐标时将会影响到_x 和_y 的属性，这些设置是以整体像素定义的，如果父级影片剪辑缩放到 50%，则设置_x 属性将会移动影片剪辑中的对象，其距离为当影片设置设置为 100%时的像素的一半。

（3）_yscale

_yscale 是用来调整影片剪辑从注册点开始应用的垂直缩放比例。其格式如下：

intanceName._yscale

如我们要将场景中的 box 影片剪辑的垂直缩放比例设置为 50，语句如下：

box._yscale=50;

（4）_visible

_visible 是指影片剪辑的可见性，语法格式如下：

intanceName._visible;
intanceName._visible=Boolean;

语句中的 intanceName 是指影片剪辑的实例名称，Boolean 是布尔值，它只有两个值，一个是 true，一个是 false。

设置影片剪辑的可见性可以用以下两种写法：

setProperty(box,_visible,true);

或

box._visible=true;

以上语句表示设置影片剪辑 box 为可见，如将其中的 true 改为 false，则表示将 box 设置为不可见。

（5）_rotActionScript

_rotActionScript 用来设置影片剪辑的旋转角度，其语法格式如下：

intanceName. _rotActionScript;

intanceName. _rotActionScript=integer;

语句中的 intanceName 是指影片剪辑的实例名称，integer 是指影片剪辑旋转角度的数值，取值范围为-180~180。数值为正数表示顺时针旋转，数值为负数表示逆时针旋转。

设置影片剪辑的旋转角度可以有两种写法：

setProperty(box._rotAction Script,90);//将 box 顺时针旋转 90°

或

box._rotAction Script=-90;//将 box 逆时针旋转 90°

4．获取时间语句

在 Flash CS4 中使用 ActionScript 语句还可以获取电脑中系统的时间，这样就可以使用 Flash 来实现钟表或日历等效果了。常用的获取时间语句如下。

（1）Date.getHours

Date.getHours 语句的作用是按照本地时间返回指定 Date 对象的小时值（一个 0~23 之间的整数），本地时间由运行 Flash Player 的操作系统确定。其语法如下：

My_date.getHours();

（2）Date.getMinutes

Date.getMinutes 语句的作用是按照本地时间返回指定 Date 对象中的分钟值（一个 0~59 之间的整数）。本地时间由运行 Flash Player 的操作系统确定。其语法如下：

My_date.gettMinutes ();

（3）Date.getSeconds

Date.getSeconds 的作用是按照本地时间返回指定的 Date 对象中的秒数（0~59 之间的整数）。本地时间由运行 Flash Player 的操作系统确定。其语法如下：

Date.getSeconds();

（4）Date.getMonth

Date.getMonth 的作用是按照本地时间返回指定的 Date 对象中的月份值（0 代表

一月，1 代表二月，依次类推）。本地时间由运行 Flash Player 的操作系统确定。其语法如下：

```
Date.getMonth();
```

5．条件语句

在 Flash CS4 中进行 ActionScript 编程时，有时可能需要一些重复执行的语句或功能，这就需要配合条件语句来应用。常用的条件语句如下。

（1）While

While 语句每次执行都会计算条件，如果条件计算结果为 true，则在循环返回以再次计算条件之前执行一条语句或一系列语句。在条件计算结果为 false 后，跳过该语句或语句系列并结束循环。其基本语法为：

```
while(condition) {
 statement(s);
 }
```

语句中的 condition 表示条件，statement(s) 表示要运行的语句块。while 语句将执行下面一系列步骤。第①步至第④步的每次重复，称做循环的一次迭代。每次迭代的开始将重新测试 condition，如下面的步骤所示：

①计算表达式 condition。

②如果 condition 计算结果是 true 或一个转换为布尔值 true 的值（如一个非零数），则转到第③步。否则，语句结束并继续执行 while 循环后面的下一个语句。

③运行语句块 statement(s)。

④转到步骤①。

通常当计数器变量小于某指定值时，使用循环执行动作。在每个循环的结尾递增计数器的值，直到达到指定值为止。此时，condition 不再为 true，因此循环结束。如果将只执行一条语句，用来括起要由 while 语句执行的语句块的花括号 {} 不是必需的。

（2）do..while

do..while 和 while 循环很相似，不同之处是在对条件进行初始计算前就会执行一次语句。随后，仅当条件计算结果是 true 时执行语句。其语法如下：

```
do { statement(s) } while (condition)
```

do..while 循环确保循环内的代码至少执行一次，在判断条件之前就会执行一次 statement(s)。尽管我们也可以通过在 while 循环开始前放一段要执行的语句副本来实现，但 do..while 循环更易于阅读。while 和 do..while 都是需要判定条件的循环语句，两者最主要的区别是：while 语句首先要判断条件，如果满足条件的话则继续执行{}里的语句，而 do..while 语句会先执行一次{}里的语句，然后再判断条件是否满足。

（3）for

for 语句是指定次数的条件语句，其语法格式如下：

```
for(init; condition; next) {
statement(s);
 }
```

语句中的 init 表示在开始循环序列前要计算的表达式，通常为赋值表达式。还允许对此参数使用 var 语句，condition 表示条件，其值为 true 或 false，next 表示循环控制的变量更新值。for 语句将计算一次 init（初始化）表达式，然后开始一个循环序列，循环序列从计算 condition 表达式开始。如果condition 表达式的计算结果为 true，将执行statement 并计算 next 表达式，然后循环序列再次从计算 condition 表达式开始。

（4）for...in

for...in 语句的作用是根据对象的属性或数组里的元素进行重复程序处理。语法如下：

```
for (variableIterant in object) {
statement(s);
 }
```

语句中的 variableIterant 表示变量的名称，迭代变量引用对象的每个属性或数组中的每个元素。object 表示被赋值对象的名称。在 for...in 语句中迭代对象的属性或数组中的元素，并对每个属性或元素执行 statement。

（5）if

if 语句是条件判断语句，其语法如下：

```
if(condition) {
statement(s);
}
```

语句中的 condition 是指要做出判断的条件，statement(s) 为要执行的语句，if 语句对条件进行计算以确定是否执行 statement(s)，如果条件为 true，则 Flash 将运行条件后面{}内的 statement(s),如果条件为 false，则 Flash 将跳过{}内的语句,而继续运行{}后的语句。

（6）else

将 else 语句与 if 语句一起使用，以在脚本中创建分支逻辑。其语法为：

```
if (condition){
statement(s);
} else {
statement(s);
}
```

当 if 语句判断为 false 后，即执行 else 后的语句。例如：

```
if (number_txt.text>=5) {
 trace("ok");
}
else {
 trace("sorry");
}
```

需要注意的是，在 Flash CS4 中，只能在关键帧（包括空白关键帧）、按钮与影片剪辑上添加 Action 脚本。

拓展训练

为了更加明确地了解新旧版本的不同，体现新版本带来的便捷，下面使用 Flash CS3 制作一个炊烟袅袅升起的动画，如图 5-51 所示。

图 5-51　动画效果

关键步骤提示：

（1）新建一个 Flash 空白文档。然后在"文档属性"对话框中将"尺寸"设置为 500 像素（宽）×400 像素（高），"背景颜色"设置为深蓝色（#000033）。

（2）执行"插入→新建元件"命令，打开"创建新元件"对话框，在"名称"文本框中输入元件的名称"烟"，在"类型"区域中选择"影片剪辑"单选项。

（3）在影片剪辑"烟"的编辑状态下，利用"椭圆工具" ⬭ 在工作区中绘制一个无边框、填充色为任意色的圆形，如图 5-52 所示。

（4）按 Shift+F9 组合键打开"颜色"面板。将填充设置为"放射状"，把调色条两端的调色块的颜色都设置为白色，并把右端调色块的 Alpha 值设置为 80%，如图 5-53 所示。然后使用"颜料桶工具" 🪣 填充小圆，如图 5-54 所示。

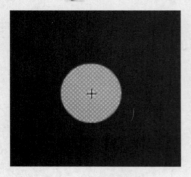

图 5-52　绘制圆形

图 5-53　"颜色"面板

（5）选中小圆，执行"修改→形状→柔化填充边缘"命令，在弹出的对话框中进行如图 5-55 所示的设置。完成后单击 ▭ 确定 ▭ 按钮。

图 5-54　填充小圆

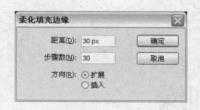

图 5-55　柔化边缘

（6）执行"插入→新建元件"命令，打开"创建新元件"对话框，在"名称"文本框中输入元件的名称"烟动"，在"类型"区域中选择"影片剪辑"单选项。

（7）在影片剪辑"烟动"的编辑状态下，从"库"面板中把影片剪辑"烟"拖入到工作区。然后选中时间轴上的第 10 帧，插入关键帧，如图 5-56 所示。

图 5-56　插入关键帧

（8）选中第 10 帧的内容，使用"任意变形工具" ⬚ 将其拉大至宽、高都为 54 像素。接着把它向左上方移动一段距离。最后在"属性"面板中将其 Alpha 值设置为 80%，如图 5-57 所示。

（9）在时间轴的第 18 帧处插入关键帧，使用"任意变形工具" ⬚ 将该帧处的"烟"拉大至宽、高都为 70 像素。接着把它向右上方移动一段距离。最后在"属性"面板中将其 Alpha 值设置为 45%，如图 5-58 所示。

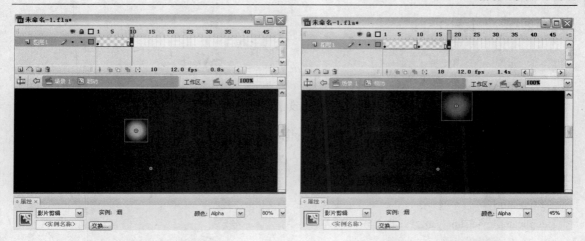

图 5-57　设置第 10 帧　　　　　　　　　图 5-58　设置第 18 帧

（10）在时间轴的第 25 帧处插入关键帧，使用"任意变形工具" 将该帧处的"烟"拉大至宽、高都为 76 像素，接着把它向右上方移动一段距离，然后在"属性"面板中将其 Alpha 值设置为 0%。最后在第 1 帧与第 10 帧、第 10 帧与第 18 帧、第 18 帧与第 25 帧之间创建补间动画，如图 5-59 所示。

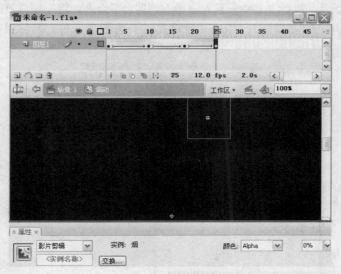

图 5-59　创建补间动画

（11）选中时间轴的第 1 帧，在"动作"面板中添加如下代码：

```
setProperty(this, _x, random(10)-5);
setProperty(this, _yscale, random(50)+30);
```

（12）执行"插入→新建元件"命令，打开"创建新元件"对话框，在"名称"文本框中输入元件的名称"炊烟"，在"类型"区域中选择"影片剪辑"单选项。

（13）在影片剪辑"炊烟"的编辑状态下，从"库"面板中把影片剪辑"烟动"拖入到工作区，并在"属性"面板中将其实例名设置为"yan"，如图 5-60 所示。

图 5-60 设置实例名

（14）选中时间轴的第 1 帧，在"动作"面板中添加如下代码：

```
i = 1;
onEnterFrame = function () {
if (i<=20) {
duplicateMovieClip("yan", "yan"+i, i);
i++;
} else {
i = 0;
}
};
```

（15）回到主场景，执行"文件→导入→导入到舞台"命令，将一幅背景图片导入到舞台中。

（16）选中舞台上的背景图片，按 F8 键将其转换为图形元件，名称保持默认，如图 5-61
所示。

图 5-61 转换为图形元件

（17）选中舞台上的背景图片，打开"属性"面板，在颜色下拉列表框中选择"色调"
选项。然后将图片的色调设置为黑色，透明度为 50%，如图 5-62 所示。

（18）新建一个图层，从"库"面板中拖入 4 个影片剪辑"炊烟"，并分别将它们调整到
烟囱的上方，如图 5-63 所示。

图 5-62 调整色调   图 5-63 拖入影片剪辑

（19）执行"文件→保存"命令保存文件，然后按 Ctrl+Enter 组合键，测试本例最终效果。

职业快餐

1．Flash 游戏的商业创作规划

在整个 Flash 动画创作中显得尤为重要的便是创作规划，也被常称做整体规划。古语有云：运筹帷幄，决胜千里。对于一个 Flash 游戏项目，特别是面对企业的商业项目，在开始动手制作之前，对所要做的事有一个全盘的考量，做起来才会从容不迫。没有一个整体的框架，制作会显得非常茫然，没有目标，甚至会偏离主题。特别是需要多人合作时，创作规划更是不能或缺。

Flash 动画作品无论是静态还是动态，前期制作中的整体规划都十分重要。同时也能反映作为一个 Flash 动画设计师的具体工作能力。因此，Flash 动画的创作规划对于 Flash 动画设计师的重要性也就显而易见了。

对于大多数的 Flash 学习者来说，制作 Flash 游戏一直是一项很吸引人、也很有趣的技术，甚至许多闪客都以制作精彩的 Flash 游戏作为主要的目标。不过往往由于急于求成，制作资料不足，数据获得不易，使许多朋友难以顺利地进行 Flash 游戏设计。即使自己下定决心，也是进展缓慢，乃至最终放弃。所有这一切都不是因为制作者的技术水平问题，而是由于游戏制作前的前期设计与规划没有做好，所以这里主要来介绍 Flash 游戏制作流程与规划方面的工作。

（1）构思

不管大家学习 Flash 已有多才多长时间，现在大家所想的都是做出精彩的、能让玩家一玩就不想停下来的游戏。但是要想让玩家可以在游戏中玩得尽兴，真正做起来并不轻松。因为要制作一个好的 Flash 游戏必须要考虑到许多方面的因素。

在着手制作一个游戏前，必须先要有一个大概的游戏规划或者方案，要做到心中有数，而不能边做边想。就算最后完成了，中间浪费的时间和精力也会让人不堪忍受。虽然制作游戏的最终目的是取悦游戏的玩家，但是通过玩家的肯定来得到一定的成就感，这也是激励游戏制作者继续不断创作的重要因素。

要想让游戏的制作过程轻轻松松，关键就在于先制定一个完善的工作流程，安排好工作进度和分工，这样做起来才会事半功倍。充满想象力的幻想，的确有助于你的创作，但是有系统的构思，要绝对优于漫无边际的空想。

（2）了解游戏的目的

制作一个游戏的目的有很多，有的纯粹是娱乐，有的则是想吸引更多的访问者来浏览自己的网站，还有很多时候是出于商业上的目的，设计一个游戏来进行比赛，或者将通过游戏的关卡作为奖品。

所以在进行游戏的制作之前，必须先确定游戏的目的，这样才能够根据游戏的目的来设计符合需求的作品。

（3）游戏的规划与制作

在决定好将要制作的游戏的目标与类型后，接下来是不是可以立即开始制作游戏了呢？不可以！如果在制作游戏前还没有一个完整的规划，或者没有一个严谨的制作流程，那么必定将浪费非常多的时间和精力，很有

可能游戏还没制作完成，就已经感到筋疲力尽了。所以制作前认真制定一个制作游戏流程和规划是十分必要的。

其实像 Flash 游戏这样的制作规划或者流程并没有想象中的那么难，大致上只需要设想好游戏中会发生的所有情况，如果是 RPG 游戏，需要设计好游戏中的所有可能情节，并针对这些情况安排好对应的处理方法。

（4）素材的收集和准备

游戏流程图设计出来后，就需要着手收集和准备游戏中要用到的各种素材了，包括图片、声音等。

①图形图像的准备

这里的图形一方面指 Flash 中应用很广的矢量图，另一方面也指一些外部的位图文件，两者可以进行互补，这是游戏中最基本的素材。虽然 Flash 提供了丰富的绘图和造型的工具，如贝赛尔曲线工具，可以在 Flash 中完成绝大多数的图形绘制工作，但是 Flash 中只能绘制矢量图形，如果需要用到一些位图或者用 Flash 很难绘制的图形时，就需要使用外部的素材了。

②音乐及音效

音乐在 Flash 游戏中是非常重要的元素，所谓有声有色，绚丽多彩，给游戏加入适当的音效，可以为整个游戏增色不少。

2．游戏的种类

凡是玩过 PC 游戏或者 TV 游戏的朋友一定非常清楚，游戏可以分成许多不同的种类，各个种类的游戏在制作过程中所需要的技术也都截然不同，所以在一开始构思游戏的时候，决定游戏的种类是最重要的一个工作，在 Flash 可实现的游戏范围内，基本上可以将游戏分成以下几种类型。

（1）动作类游戏（Action）

凡是在游戏的过程中必须依靠玩家的反应来控制游戏中角色的游戏都可以被称做"动作类游戏"。例如本案例中所制作的游戏就属这种类型。在目前的 Flash 游戏中，这种游戏是最常见的一种，也是最受大家欢迎的一种，至于游戏的操作方法，既可以使用鼠标，也可以使用键盘。

（2）益智类游戏（Puzzle）

此类游戏也是 Flash 比较擅长的游戏，相对于动作游戏的快节奏，益智类游戏的特点就是玩起来速度慢，比较幽雅，主要来培养玩家在某方面的智力和反应能力，此类游戏的代表非常多，比如牌类游戏、拼图类游戏、棋类游戏等。总而言之，那种玩起来主要靠玩家动脑筋的游戏都可以被称为益智类游戏。

（3）角色扮演类游戏（RPG）

所谓角色扮演类游戏就是由玩家扮演游戏中的主角，按照剧情来进行游戏，游戏过程中会有一些解谜或者和敌人战斗的情节。这类游戏在技术上不算难，但是因为游戏规模非常大，所以在制作上也会相当的复杂。

（4）射击类游戏（Shotting）

射击类游戏在 Flash 游戏中占有绝对的数量，因为这类游戏的内部机制大家都比较了解，平时接触的也较多，所以做起来可能比较容易。

案例 6

手机产品
多媒体演示

素材路径：源文件与素材\案例 6\素材

源文件路径：源文件与素材\案例 6\源文件\产品演示.fla

情景再现

　　现在多媒体技术越来越多地应用于日常生活的各个领域了，我利用业余时间了解了很多多媒体的知识，先准备好，说不定什么时候在公司里就能用上。

　　这天我刚到办公室，突然听见有人敲门，一看原来是市场部的大李，只见大李皱着眉头，欲言又止的样子，便问他："大李，看你愁的，什么事情啊？"

　　"小张，是这样的，我想问问你对多媒体这块有了解吗？""呵呵，你还真问对人了，我前段时间一直在研究这个呢，怎么，有什么事情吗？"

　　突然只见大李两眼一亮，一把拉住我说："小张啊，你一定要帮帮我啊。""别急，慢慢说，什么事情呢？""是这样的，前段时间我接了一个单子，是一家手机公司的，最近他们新推出了一款手机，想针对这款手机做一个产品多媒体演示，方便他们培训销售员工和代理商，可是我却不知道谁会做，问了好多人，都不是很了解，现在你能做，真是太好了，你看能帮我这个忙嘛？""看你说的，这有什么问题啊，我做就是了，大家都是为了客户嘛，放心吧，我一定给你做的又实用又好看的，做好了我再联系你。"

任务分析

● 使用 Flash CS4 为一款手机制作一个多媒体演示动画。

● 产品演示动画中文字颜色的设置，要与其背景参照。配图、衬底，都要保证文字不受影响。

● 在一些介绍产品特点的画面中要配以文字，并设置停顿，方便演示人员讲解。

流程设计

首先制作产品演示中需要用到的图形元件，再制作影片剪辑元件，然后制作手机的介绍动画，接着制作控制动画的按钮，编辑主场景，最后导入音乐并测试动画。

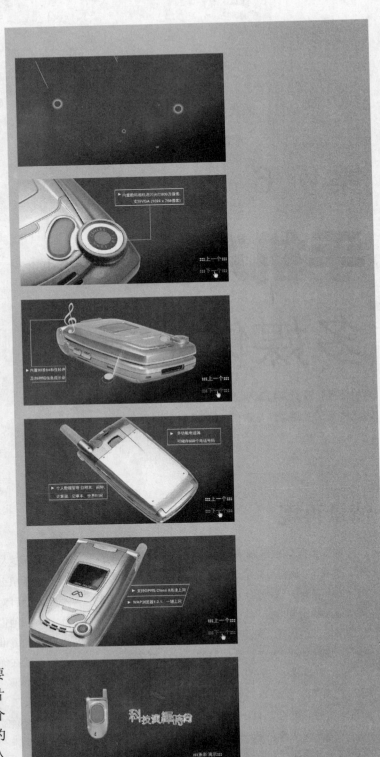

任务实现

制作图形元件

（1）运行 Flash CS4，新建一个 Flash 空白文档。执行"修改→文档"命令，打开"文档属性"对话框，将"尺寸"设置为 650 像素（宽）×300 像素（高），"背景颜色"设置为黑色（#666666），"帧频"设置为 24fps，如图 6-1 所示。设置完成后单击"确定"按钮。

制作说明：将"帧频"设置为 24fps，是为了使演示动画更顺畅，动感十足。

（2）执行"插入→新建元件"命令，打开"创建新元件"对话框，在"名称"文本框中输入"背景"，在"类型"下拉列表中选择"图形"选项，如图 6-2 所示。完成后单击"确定"按钮。

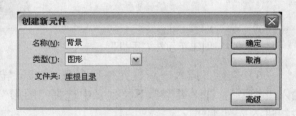

图 6-1　"文档属性"对话框　　　　图 6-2　"创建新元件"对话框

（3）选择"矩形工具" ▭，在工作区中绘制一个无边框、填充颜色随意的矩形。打开"颜色"面板，将"类型"设置为"线性"，在中间添加两个调色块，将调色块设置为蓝色"#223449"、蓝色"#18416D"、蓝色"#223449"、黑色"#000000"的渐变，如图 6-3 所示。然后使用"颜料桶工具" ▨ 填充矩形。

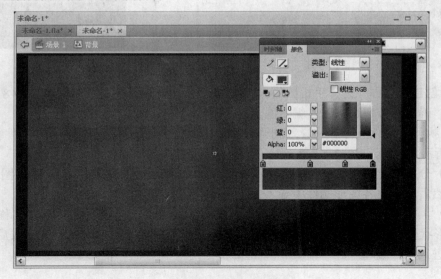

图 6-3　设置渐变颜色

（4）执行"插入→新建元件"命令，打开"创建新元件"对话框，在"名称"文本框中输入"手机"，在"类型"下拉列表中选择"图形"选项，如图 6-4 所示。完成后单击"确定"按钮进入元件编辑区。

（5）执行"文件→导入→导入到舞台"命令，将一幅手机图像导入到元件编辑区中，如图 6-5 所示。

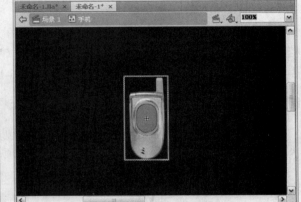

<table>
<tr><td>图 6-4　创建新元件"手机"</td><td>图 6-5　导入图像</td></tr>
</table>

（6）执行"插入→新建元件"命令，打开"创建新元件"对话框，在"名称"文本框中输入"类型"，在"类型"下拉列表中选择"图形"选项，如图 6-6 所示。完成后单击"确定"按钮进入元件编辑区。

（7）选择"线条工具" ＼，在编辑区中绘制一条宽度为 80 的白色直线，如图 6-7 所示。

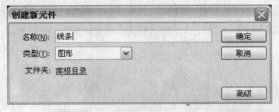 

<table>
<tr><td>图 6-6　创建新元件"线条"</td><td>图 6-7　绘制直线</td></tr>
</table>

（8）创建"名称"为"手机图像 01"、"类型"为"图形"的元件，如图 6-8 所示。完成后单击"确定"按钮进入元件编辑区。

（9）执行"文件→导入→导入到舞台"命令，将另一幅手机图像导入到元件编辑区中，如图 6-9 所示。

（10）分别新建"手机图像 02"、"手机图像 03"、"手机图像 04"和"手机图像 05"图形元件，然后分别在各图形元件中导入手机图像，如图 6-10～图 6-13 所示。

（11）执行"插入→新建元件"命令，打开"创建新元件"对话框，在"名称"文本框中输入"形状"，在"类型"下拉列表中选择"图形"选项，如图 6-14 所示。完成后单击"确定"按钮进入元件编辑区。

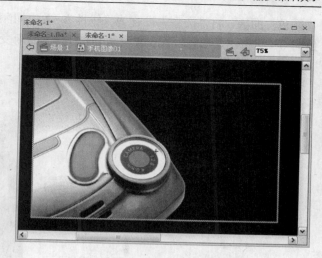

图 6-8 "创建新元件"对话框

图 6-9 导入图像

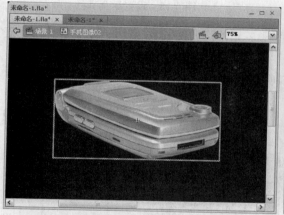

图 6-10 "手机图像02"图形元件

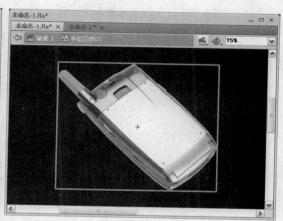

图 6-11 "手机图像03"图形元件

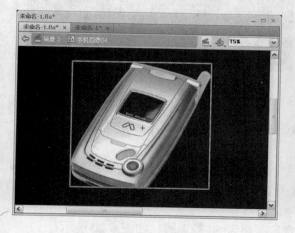

图 6-12 "手机图像04"图形元件

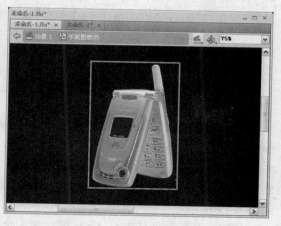

图 6-13 "手机图像05"图形元件

（12）选择"矩形工具" ，在工作区中绘制一个无边框、填充颜色随意的矩形。打开

"颜色"面板，将"类型"设置为"线性"，在中间添加一个调色块，将调色块设置为：Alpha 值为 0% 的白色、白色、Alpha 值为 0% 的白色的渐变，如图 6-15 所示。然后使用"颜料桶工具" 填充矩形。

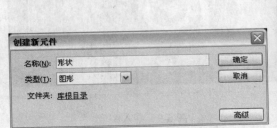

图 6-14 "创建新元件"对话框

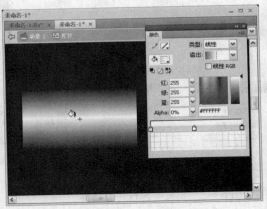

图 6-15 设置渐变颜色

（13）创建"名称"为"文字图像"的"图形"元件，如图 6-16 所示。完成后单击"确定"按钮。

（14）执行"文件→导入→导入到舞台"命令，将一幅文字图像导入到元件编辑区中，如图 6-17 所示。

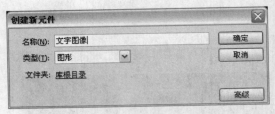

图 6-16 创建元件"文字图像"

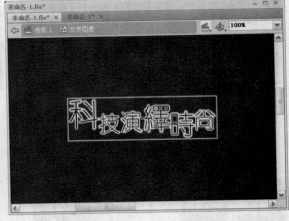

图 6-17 导入图像

（15）再创建"名称"为"圆"的"图形"元件，如图 6-18 所示。完成后单击"确定"按钮进入元件编辑区。

（16）选择"椭圆工具" ，打开"颜色"面板，将"类型"设置为"放射状"，将调色块设置为：Alpha 值为 0% 的白色、Alpha 值为 70% 的白色、Alpha 值为 0% 的白色的渐变，如图 6-19 所示。

（17）在编辑区中按住 Shift 键绘制一个宽和高都为 50 的正圆，如图 6-20 所示。

（18）创建"名称"为"音符线条 01"的"图形"元件，如图 6-21 所示。完成后单击"确定"按钮进入元件编辑区。

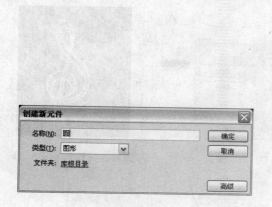

图 6-18　创建"圆"

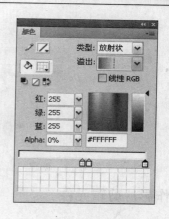

图 6-19　设置渐变颜色

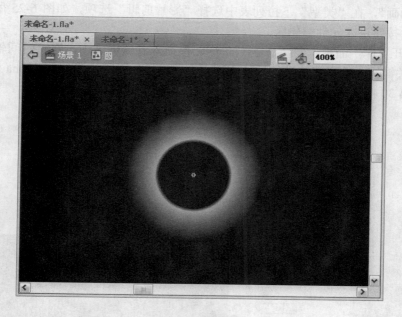

图 6-20　绘制圆

（19）选择"铅笔工具" <img>，在编辑区中绘制一个音符的轮廓，如图 6-22 所示。

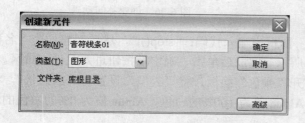

图 6-21　创建"音符线条 01"

图 6-22　绘制轮廓（1）

（20）创建一个"名称"为"音符线条 02"的"图形"元件，如图 6-23 所示。完成后单击"确定"按钮进入元件编辑区。

（21）选择"铅笔工具" <img>，在编辑区中再绘制一个音符的轮廓，如图 6-24 所示。

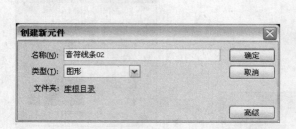

图 6-23   创建"音符线条 02"

图 6-24   绘制轮廓（2）

制作影片剪辑元件

（1）执行"插入→新建元件"命令，打开"创建新元件"对话框，在"名称"文本框中输入"背景动画"，在"类型"下拉列表中选择"影片剪辑"选项，如图 6-25 所示。完成后单击"确定"按钮进入元件编辑区。

（2）打开"库"面板，将"背景"图形元件拖入到编辑区中，在"时间轴"面板的第 30 帧处插入关键帧，选择第 1 帧的元件实例，在"属性"面板中设置其 Alpha 值为 0，然后在第 1 帧到第 30 帧之间创建补间动画，如图 6-26 所示。

图 6-25   创建"背景动画"

图 6-26   创建补间动画

（3）选择第 30 帧，在"动作"面板中输入代码："stop();"，然后创建一个"名称"为"星星 01"的影片剪辑，如图 6-27 所示。完成后单击"确定"按钮进入元件编辑区。

（4）选择"椭圆工具"，打开"颜色"面板，将"类型"设置为"放射状"，将调色块设置为 Alpha 值为 100%的白色、Alpha 值为 100%的白色、Alpha 值为 0%的白色的渐变，如图 6-28 所示。

（5）在编辑区中按住 Shift 键绘制一个宽和高都为 104 的正圆，然后选择绘制的圆，按 Ctrl+G 组合键将圆组合，如图 6-29 所示。

（6）选择"线条工具"，在编辑区中绘制一个菱形的形状，设置填充颜色为白色（#FFFFFF），删除笔触，并将其组合，如图 6-30 所示。

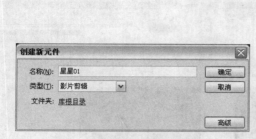

图 6-27　创建"星星 01"

图 6-28　设置渐变颜色

图 6-29　绘制圆

图 6-30　绘制菱形

（7）复制绘制的图形，然后再选择所复制的图形，按 Ctrl+Alt+S 组合键，打开"缩放和旋转"对话框，设置"缩放"值为 100%，"旋转"值为"90"度，如图 6-31 所示，完成后单击"确定"按钮，效果如图 6-32 所示。

图 6-31　"缩放和旋转"对话框

图 6-32　旋转后的效果

（8）在编辑区中选择所有绘制的图形，按 Ctrl+G 组合键将其组合为一个星星的图形，然后在"时间轴"面板的第 45 帧处按 F6 键插入关键帧，如图 6-33 所示。

（9）在第 1 帧到第 45 帧之间创建补间动画，然后在第 1 帧到第 45 帧之间任意选择一帧，在"属性"面板中设置"旋转"为"逆时针"、"1"次，如图 6-34 所示。

（10）创建一个"名称"为"星星 02"的影片剪辑，如图 6-35 所示。完成后单击"确定"按钮进入元件编辑区。

（11）在"库"面板中将"星星 01"元件拖入编辑区中，分别在第 5 帧和第 25 帧处插入关键帧，如图 6-36 所示。

（12）分别选择第 1 帧和第 25 帧的元件实例，打开"旋转和缩放"对话框，设置"缩放"值为"30%"，如图 6-37 所示。然后将其"Alpha"值设置为"0"。

（13）分别在第 1 帧到第 5 帧之间、第 5 帧到第 25 帧之间创建补间动画，如图 6-38 所示。

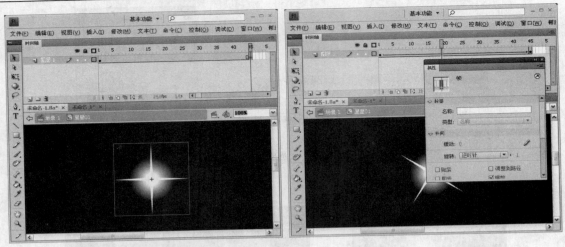

图 6-33　在第 45 帧插入关键帧　　　　　　　图 6-34　设置旋转

图 6-35　"创建新元件"对话框　　　　　　　图 6-36　插入关键帧

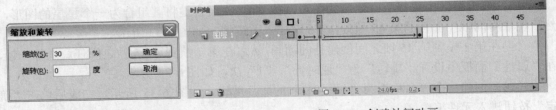

图 6-37　"缩放和旋转"对话框　　　　　　　图 6-38　创建补间动画

　　（14）创建一个"名称"为"手机线条"的影片剪辑，如图 6-39 所示。完成后单击"确定"按钮进入元件编辑区。

　　（15）在"库"面板中将"手机"元件拖入编辑区中，然后新建"图层 2"，并锁定"图层 1"，如图 6-40 所示。

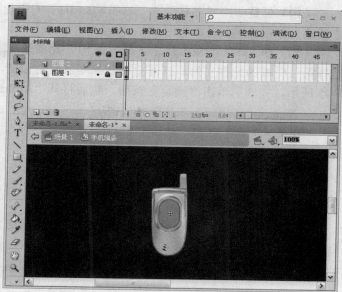

图 6-39　"创建新元件"对话框

图 6-40　拖入元件

　　（16）在"图层 2"中勾勒出手机的轮廓线条，然后删除"图层 1"，如图 6-41 所示。

　　（17）选择所绘制的轮廓，打开"颜色"面板，设置填充样式为"线性"，填充颜色依次为"#FFFFFF"、"#FFFFFF"和"#FFFFFF"，"Alpha"值依次为"0"、"100%"和"0"，效果如图 6-42 所示。

图 6-41　勾勒手机的轮廓线条

图 6-42　设置手机轮廓颜色

　　（18）在"时间轴"面板的第 35 帧处插入关键帧，然后在第 1 帧与第 35 帧之间创建形状补间动画，如图 6-43 所示。

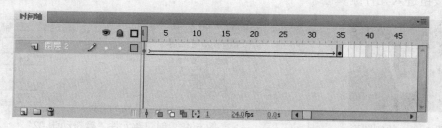

图 6-43　创建形状补间动画

（19）创建一个"名称"为"音符动画 01"的影片剪辑，如图 6-44 所示。完成后单击"确定"按钮进入元件编辑区。

（20）在"库"面板中将"音符线条 01"元件拖入编辑区中，在第 15 帧处插入关键帧。选择第 15 帧的元件实例，打开"旋转和缩放"对话框，设置"缩放"值为"180%"，如图 6-45 所示，完成后单击"确定"按钮。然后将其"Alpha"值设置为"0"。

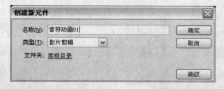

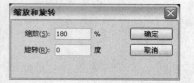

图 6-44　创建新元件"音符动画 01"　　图 6-45　"旋转和缩放"对话框

（21）在第 1 帧到第 15 帧之间创建补间动画，插入"图层 2"，选择"图层 1"的第 1 帧到第 15 帧，单击鼠标右键，在弹出的菜单中选择"复制帧"命令，选择"图层 2"的第 7 帧，单击鼠标右键，在弹出的菜单中选择"粘贴帧"命令，如图 6-46 所示。

图 6-46　选择"粘贴帧"命令

（22）新建"图层 3"，在第 1 帧处绘制一个音符的图形，然后选择绘制的图形，按 Ctrl+G 组合键将其组合，如图 6-47 所示。

（23）创建一个"名称"为"音符动画 02"的影片剪辑，如图 6-48 所示。完成后单击"确定"按钮进入元件编辑区。

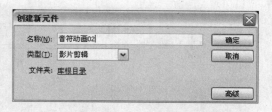

图 6-47　绘制图形　　　　　图 6-48　创建新元件"音符动画 02"

（24）在第 10 帧处插入关键帧，在"库"面板中将"音符线条 02"元件拖入编辑区中。

在第 24 帧处插入关键帧，选择第 24 帧的元件实例，打开"旋转和缩放"对话框，设置"缩放"值为"180%"，如图 6-49 所示，完成后单击"确定"按钮。然后将其"Alpha"值设置为"0"。

（25）在第 10 帧到第 24 帧之间创建补间动画，插入"图层 2"，复制"图层 1"第 10帧到第 24 帧，并将其粘贴到"图层 2"的第 15 帧处，如图 6-50 所示。

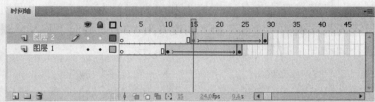

图 6-49　"旋转和缩放"对话框　　　　　　　　　　图 6-50　复制帧

（26）新建"图层 3"，在第 1 帧处绘制一个音符的图形，然后选择绘制的图形，按 Ctrl+G组合键将其组合，如图 6-51 所示。

（27）创建一个"名称"为"飞行的圆 01"的影片剪辑，如图 6-52 所示。完成后单击"确定"按钮进入元件编辑区。

（28）打开"库"面板，将"圆"图形元件拖入到编辑区中，选择第 1 帧的元件实例，在"信息"面板中设置其"宽度"和"高度"都为"3"，如图 6-53 所示。

图 6-51　绘制图形　　　　　　　　　　图 6-52　"创建新元件"对话框

（29）在"图层 1"的第 35 帧处插入关键帧，将圆放大到宽和高都为"70"，并向上移动，然后在第 1 帧与第 35 帧之间创建补间动画，如图 6-54 所示。

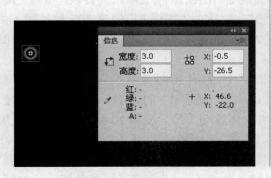

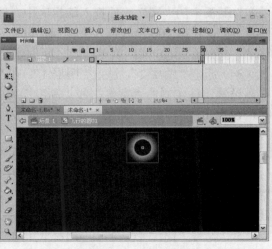

图 6-53　设置圆的大小　　　　　　　　　　图 6-54　创建补间动画

（30）新建"图层 2"，锁定"图层 1"。在"图层 2"的第 11 帧处插入关键帧，拖入"圆"元件，设置元件实例的"宽度"和"高度"为"3"，然后在"图层 2"的第 45 帧处插入关键帧，设置元件实例的"宽度"和"高度"为"70"，并向右移动，最后在第 11 帧到第 45 帧之间创建补间动画，如图 6-55 所示。

（31）新建"图层 3"，锁定"图层 2"。在"图层 3"的第 21 帧处插入关键帧，拖入"圆"元件，设置元件实例的"宽度"和"高度"为"3"，在"图层 3"的第 55 帧处插入关键帧，设置元件实例的"宽度"和"高度"为"70"。并向下移动，最后在第 21 帧到第 55 帧之间创建补间动画，如图 6-56 所示。

图 6-55　在第 11 到第 45 帧创建补间动画　　　　图 6-56　在第 21 到第 55 帧创建补间动画

（32）新建"图层 4"，锁定"图层 3"，在"图层 4"的第 31 帧处插入关键帧，拖入"圆"元件，设置元件实例的"宽度"和"高度"为"3"，在"图层 3"的第 65 帧处插入关键帧，设置元件实例的"宽度"和"高度"为"70"，并向左移动，最后在第 21 帧到第 55 帧之间创建补间动画，如图 6-57 所示。

（33）创建"飞行的圆 02"影片剪辑元件，进入编辑区中，在第 10 帧处插入关键帧，将"库"面板中的"圆"元件拖入编辑区中。选择第 10 帧的元件实例，设置"宽度"和"高度"为"3"，在第 100 帧处插入关键帧，设置元件实例的"宽度"和"高度"为"20"，并向上移动。然后在第 10 帧到第 100 帧之间创建补间动画，如图 6-58 所示。

（34）新建"图层 2"，锁定"图层 1"。在"图层 2"的第 15 帧处插入关键帧，拖入"圆"元件，设置元件实例的"宽度"和"高度"为"3"，然后在"图层 2"的第 105 帧处插入关键帧，设置元件实例的"宽度"和"高度"为"20"，并向右移动。最后在第 15 帧到第 105 帧之间创建补间动画，如图 6-59 所示。

（35）新建"图层 3"，锁定"图层 2"。在"图层 3"的第 20 帧处插入关键帧，拖入"圆"元件，设置元件实例的"宽度"和"高度"为"3"，在"图层 3"的第 110 帧处插入关键帧，设置元件实例的"宽度"和"高度"为"20"，并向下移动。最后在第 20 帧到第 110 帧之间创建补间动画，如图 6-60 所示。

（36）新建"图层 4"，锁定"图层 3"。在"图层 4"的第 25 帧处插入关键帧，拖入"圆"元件，设置元件实例的"宽度"和"高度"为"3"，在"图层 3"的第 115 帧处插入关键帧，设置元件实例的"宽度"和"高度"为"20",并向左移动。最后在第 25 帧到第 115 帧之间创建补间动画,如图 6-61 所示。

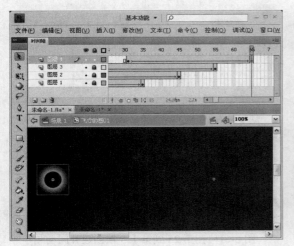

图 6-57 在第 21 到第 55 帧创建补间动画

图 6-58 在第 10 到第 100 帧创建补间动画

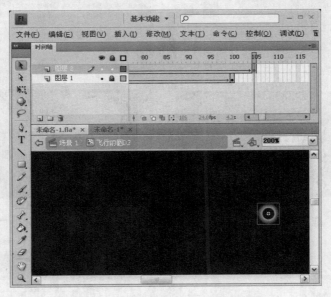

图 6-59 在第 15 到第 105 帧创建补间动画

制作手机介绍 1

(1)创建"手机介绍 01"影片剪辑。进入编辑区中,将"库"面板中的"背景"图形元件拖入编辑区中,并在第 35 帧处按 F5 键插入帧,如图 6-62 所示。

(2)锁定"图层 1",新建"图层 2",在"库"面板中将"手机图像 01"图形元件拖入到编辑区中,如图 6-63 所示。

(3)新建"图层 3",锁定"图层 2"。在"图层 3"的第 10 帧处插入关键帧,使用"椭圆工具"绘制一个无边框、填充颜色为白色的圆形,如图 6-64 所示。

(4)选择绘制的圆,按 F8 键将其转换成名称为"圆形"图形元件。在"图层 3"的第

15 帧、16 帧、17 帧处分别插入关键帧，分别选择第 15 帧和第 17 帧的元件实例，设置其"Alpha"值为"0"，并在第 10 帧到第 15 帧之间创建补间动画，如图 6-65 所示。

图 6-60　在第 20 到第 110 帧创建补间动画

图 6-61　在第 25 到第 115 帧创建补间动画

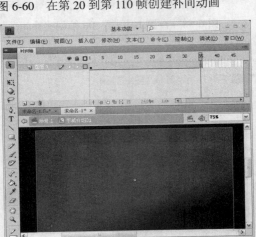

图 6-62　拖入元件"背景"

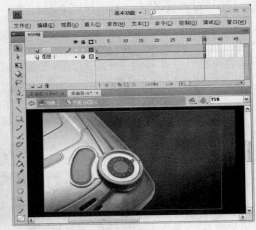

图 6-63　拖入元件"手机图像 01"

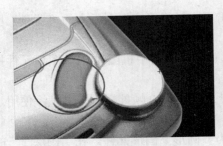

图 6-64　绘制圆形

图 6-65　在第 10 到第 15 帧创建补间动画

（5）分别在第 1 帧到第 5 帧之间、第 5 帧到第 25 帧之间创建补间动画，如图 6-66 所示。

（6）锁定"图层 3"，新建"图层 4"。在"图层 4"的第 17 帧中插入关键帧，在"库"面板中将"线条"图形元件拖入编辑区中，并设置其宽度为"5"，如图 6-67 所示。

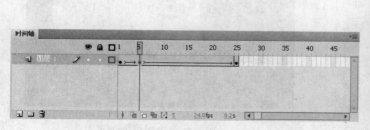

图 6-66　创建补间动画

图 6-67　拖入元件

（7）在"图层 4"的第 20 帧处插入关键帧，设置元件实例的"宽度"为"80"，并向右移动，然后在第 17 帧到第 20 帧之间创建补间动画，如图 6-68 所示。

图 6-68　在第 17 到第 20 帧创建补间动画

（8）新建"图层 5"，在第 21 帧处插入关键帧，从"库"面板中拖入"线条"图形元件，选择元件实例，打开"缩放和旋转"对话框，设置"旋转"为"90 度"，如图 6-69 所示。完成后单击"确定"按钮。

（9）打开"信息"面板，设置元件实例的宽度为"0"，高度为"5"，如图 6-70 所示。

（10）在"图层 5"的第 26 帧插入关键帧，设置元件实例的高度为"110"，然后在第 21 帧到第 26 帧之间创建补间动画，如图 6-71 所示。

（11）锁定"图层 4"与"图层 5"，新建"图层 6"，在第 26 帧处插入关键帧，拖入"线条"图形元件，设置元件实例的宽度为"5"，在第 30 帧处插入关键帧，设置元件实例的宽度为"210"，然后在第 26 帧到第 30 帧之间创建补间动画，如图 6-72 所示。

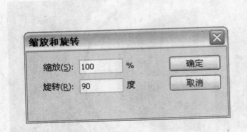

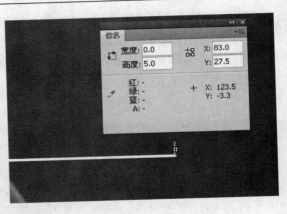

图 6-69 "缩放和旋转"对话框　　　　　　　图 6-70 设置元件大小

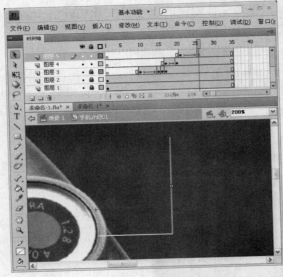

图 6-71 在第 21 到第 26 帧创建补间动画　　　　图 6-72 在第 26 到第 30 帧创建补间动画

（12）锁定"图层 6"，新建"图层 7"，在第 26 帧处插入关键帧，拖入"线条"图形元件，设置元件实例的宽度为"5"，在第 30 帧处插入关键帧，设置元件实例的宽度为"210"，然后在第 26 帧到第 30 帧之间创建补间动画，如图 6-73 所示。

（13）锁定"图层 7"，新建"图层 8"，在第 30 帧处插入关键帧，拖入"线条"图形元件，打开"缩放和旋转"对话框，设置"旋转"为"90 度"，如图 6-74 所示。完成后单击"确定"按钮。

（14）设置拖入的图形元件的高度为"5"，在第 35 帧处插入关键帧，设置元件的高度为"50"，然后在第 30 帧到第 35 帧之间创建补间动画，如图 6-75 所示。

（15）锁定"图层 8"，新建"图层 9"，在第 30 帧处插入关键帧，拖入"线条"图形元件，打开"缩放和旋转"对话框，设置"旋转"为"90 度"，然后设置拖入的图形元件的高度为"5"，在第 35 帧处插入关键帧，设置元件的高度为"50"，最后在第 30 帧到第 35 帧之间创建补间动画，如图 6-76 所示。

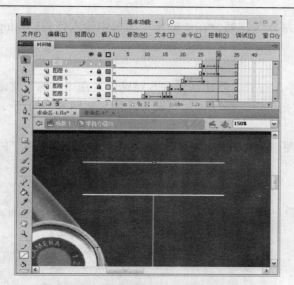

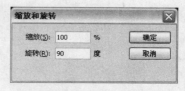

图 6-73　在第 26 到第 30 帧创建补间动画　　　　图 6-74　"缩放和旋转"对话框

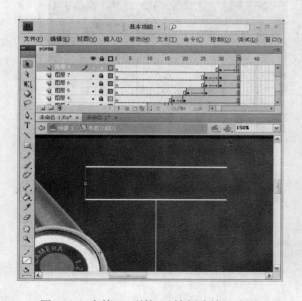

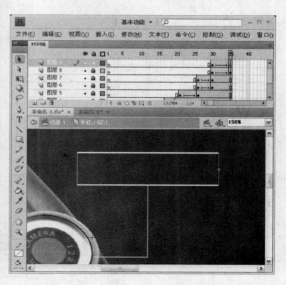

图 6-75　在第 30 到第 35 帧创建补间动画　　　　图 6-76　在"图层 9"创建补间动画

（16）锁定"图层 9"，新建"图层 10"，在第 35 帧处插入关键帧，使用"文本工具"**T** 在编辑区中输入文字"内置数码相机连闪光灯 800 万像素，支持 VGA（1024×768 像素）"，如图 6-77 所示。

图 6-77　输入文字

（17）在"图层 10"的第 35 帧处插入关键帧，在"动作"面板中输入代码："stop();"。

制作手机介绍 2

（1）执行"插入→新建元件"命令，打开"创建新元件"对话框，在"名称"文本框中输入"手机介绍 02"，在"类型"下拉列表中选择"影片剪辑"选项，如图 6-78 所示。完成后单击"确定"按钮进入元件编辑区。

（2）将"库"面板中的"背景"图形元件拖入编辑区中，并在第 30 帧处按下"F5"键插入帧。如图 6-79 所示。

图 6-78　"创建新元件"对话框　　　　　图 6-79　拖入元件"背景"

（3）新建"图层 2"，锁定"图层 1"，在"库"面板中将"手机图像 02"图形元件拖入到编辑区中，如图 6-80 所示。

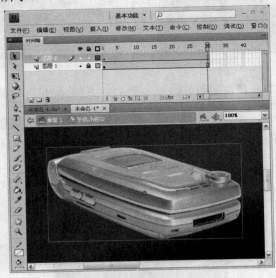

图 6-80　拖入元件"手机图像 02"

（4）新建"图层 3"，锁定"图层 2"。在"库"面板中将"音符动画 01"和"音符动画 02"元件拖入到编辑区中，如图 6-81 所示。

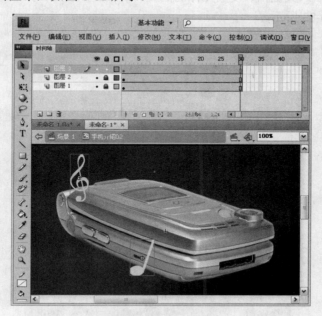

图 6-81　拖入元件

（5）锁定"图层 3"，新建"图层 4"，在第 6 帧处插入关键帧，在"库"面板中将"线条"元件拖入到编辑区中，设置元件实例的宽度为"5"；在第 10 帧处插入关键帧，设置元件实例的宽度为"105"，然后在第 6 帧到第 10 帧之间创建补间动画，如图 6-82 所示。

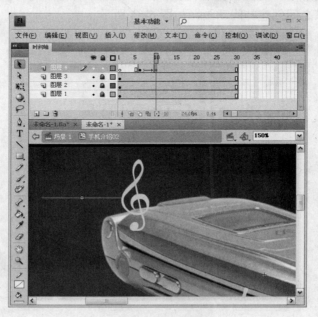

图 6-82　在第 6 到第 10 帧创建补间动画

（6）锁定"图层 4"，新建"图层 5"，在第 10 帧处插入关键帧，拖入"线条"图形元件，打开"缩放和旋转"对话框，设置"旋转"为"90 度"，然后设置拖入的图形元件的高度为"5"；在第 15 帧处插入关键帧，设置元件的高度为"150"，最后在第 10 帧到第 15 帧之间创建补间动画，如图 6-83 所示。

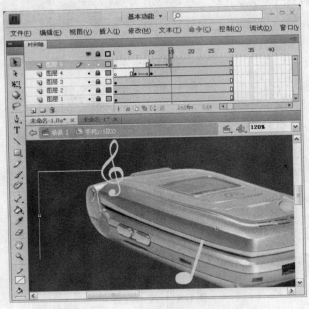

图 6-83　在第 10 到第 15 帧创建补间动画

（7）锁定"图层 5"，新建"图层 6"，在第 15 帧处插入关键帧，拖入"线条"图形元件，设置元件实例的宽度为"5"；在第 20 帧处插入关键帧，设置元件实例的宽度为"105"，然后在第 15 帧到第 20 帧之间创建补间动画，如图 6-84 所示。

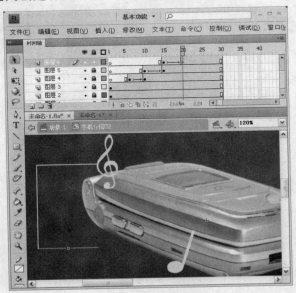

图 6-84　在第 15 到第 20 帧创建补间动画

（8）锁定"图层 6"，新建"图层 7"，在第 20 帧处插入关键帧，拖入"线条"图形元件，打开"缩放和旋转"对话框，设置"旋转"为"90 度"，然后设置拖入的图形元件的高度为"5"；在第 25 帧处插入关键帧，设置元件的高度为"50"，最后在第 20 帧到第 25 帧之间创建补间动画，如图 6-85 所示。

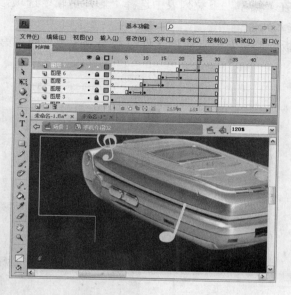

图 6-85　在第 20 到第 25 帧创建补间动画

（9）锁定"图层 7"，新建"图层 8"，在第 25 帧处插入关键帧，拖入"线条"图形元件，设置元件实例的宽度为"5"；在第 30 帧处插入关键帧，设置元件实例的宽度为"105"，然后在第 25 帧到第 30 帧之间创建补间动画，如图 6-86 所示。

（10）锁定"图层 8"，新建"图层 9"，在第 25 帧处插入关键帧，使用"文本工具" T 在编辑区中输入文字"内置 90 首 64 和弦铃声及 25 种短信息提示音"，如图 6-87 所示。然后在"图层 9"的第 30 帧处插入关键帧，并在"动作"面板中输入代码："stop();"。

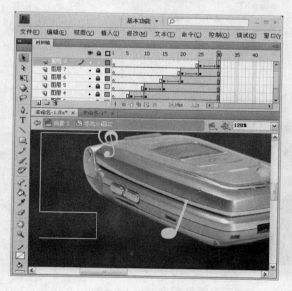

图 6-86　在第 25 到第 30 帧创建补间动画

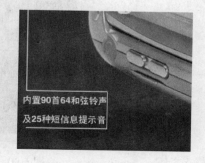

图 6-87　输入文字

制作手机介绍 3

（1）执行"插入→新建元件"命令，打开"创建新元件"对话框，在"名称"文本框中输入"手机介绍 03"，在"类型"下拉列表中选择"影片剪辑"选项，如图 6-88 所示。完成后单击"确定"按钮进入元件编辑区。

（2）将"库"面板中的"背景"图形元件拖入编辑区中，并在第 25 帧处按 F5 键插入帧，如图 6-89 所示。

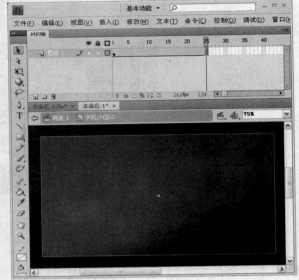

图 6-88　"创建新元件"对话框　　　　　　　图 6-89　拖入元件"背景"

（3）新建"图层 2"，锁定"图层 1"，在"库"面板中将"手机图像 03"图形元件拖入到编辑区中，如图 6-90 所示。

图 6-90　拖入元件"手机图像 03"

（4）锁定"图层 2"，新建"图层 3"，在第 5 帧处插入关键帧，在"库"面板中将"线条"元件拖入到编辑区中，设置元件实例的高度为"5"；在第 10 帧处插入关键帧，设置元件实例的高度为"50"，然后在第 5 帧到第 10 帧之间创建补间动画，如图 6-91 所示。

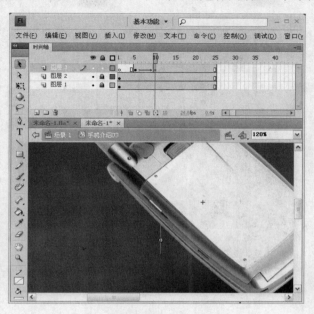

图 6-91　在"图层 3"操作

（5）锁定"图层 3"，新建"图层 4"，在第 5 帧处插入关键帧，拖入"线条"图形元件，打开"缩放和旋转"对话框，设置"旋转"为"90 度"，然后设置拖入的图形元件的高度为"5"；在第 10 帧处插入关键帧，设置元件的高度为"50"，最后在第 5 帧到第 10 帧之间创建补间动画，如图 6-92 所示。

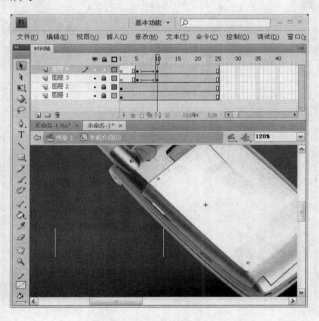

图 6-92　在"图层 4"操作

（6）按照同样的方法，在"时间轴"面板插入"图层5"和"图层6"，分别在"图层5"和"图层6"的第10帧和第15帧处插入关键帧，从"库"面板中拖入"线条"元件并依次创建补间动画，如图6-93所示。

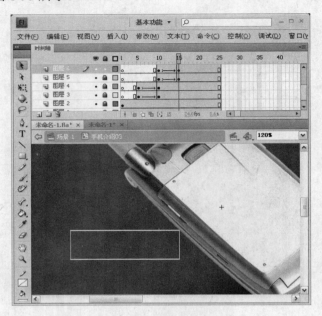

图6-93　在"图层5"、"图层6"操作

（7）在"时间轴"面板中插入"图层7"和"图层8"，分别在"图层7"和"图层8"的第15帧和第20帧处插入关键帧，从"库"面板中拖入"线条"元件并依次创建动作补间动画，如图6-94所示。

图6-94　在"图层7"、"图层8"操作

（8）在"时间轴"面板插入"图层 9"和"图层 10"，分别在"图层 9"和"图层 10"的第 20 帧处插入关键帧，从"库"面板中拖入"线条"元件并依次创建动作补间动画，如图 6-95 所示。

（9）新建"图层 11"，在第 20 帧处插入关键帧，使用"文本工具" $\mathbf{T}$ 在编辑区中输入文字"多功能电话簿，可储存 600 个电话号码"，"个人数据管理 日程表、闹钟、计算器、记事本、世界时间"，如图 6-96 所示。然后在"图层 11"的第 25 帧处插入关键帧，并在"动作"面板中输入代码："stop();"。

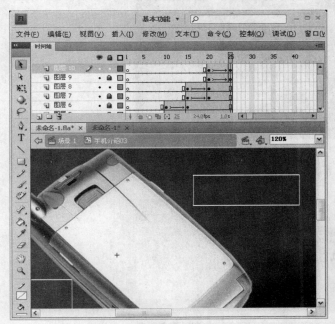

图 6-95　在"图层 9"、"图层 10"操作　　　　　图 6-96　输入文字

制作手机介绍 4

（1）执行"插入→新建元件"命令，打开"创建新元件"对话框，在"名称"文本框中输入"手机介绍 04"，在"类型"下拉列表中选择"影片剪辑"选项，如图 6-97 所示。完成后单击"确定"按钮进入元件编辑区。

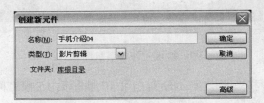

图 6-97　"创建新元件"对话框

（2）将"库"面板中的"背景"图形元件拖入编辑区中，并在第 25 帧处按 F5 键插入帧，如图 6-98 所示。

（3）新建"图层 2"，锁定"图层 1"，在"库"面板中将"手机图像 04"图形元件拖入到编辑区中，如图 6-99 所示。

图 6-98 拖入元件"背景"

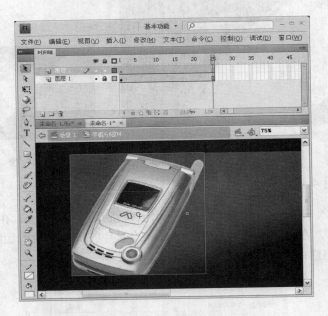

图 6-99 拖入元件"手机图像 04"

（4）新建"图层 3"和"图层 4"，分别在第 10 帧和第 15 帧之间拖入"线条"元件并创建"线条"元件实例的补间动画，如图 6-100 所示。

（5）新建"图层 5"和"图层 6"，分别在第 15 帧和第 25 帧之间拖入"线条"元件并创建"线条"元件实例的补间动画，如图 6-101 所示。

（6）新建"图层 7"，在第 15 帧处插入关键帧，使用"文本工具" **T** 在编辑区中输入文字"支持 GPRS Class 8 高速上网"，"WAP 浏览器 1.2.1，一键上网"，如图 6-102 所示。然后在"图层 7"的第 25 帧处插入关键帧，并在"动作"面板中输入代码："stop();"。

图 6-100 在"图层 3"、"图层 4"操作

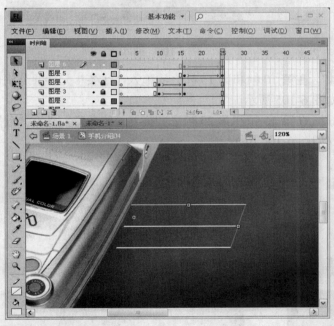

图 6-101 在"图层 5"、"图层 6"操作

图 6-102 输入文字

制作手机介绍5

（1）执行"插入→新建元件"命令，打开"创建新元件"对话框，在"名称"文本框中输入"手机介绍 05"，在"类型"下拉列表中选择"影片剪辑"选项，如图 6-103 所示。完成后单击"确定"按钮进入元件编辑区。

（2）将"库"面板中的"背景"图形元件拖入编辑区中，新建"图层 2"，锁定"图层 1"，在"库"面板中将"手机图像 05"图形元件拖入到编辑区中，并在"图层 1"和"图层 2"第 20 帧处按 F5 键插入帧，如图 6-104 所示。

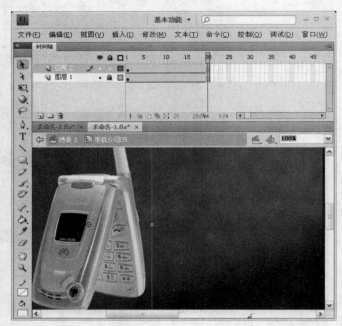

图 6-103　"创建新元件"对话框　　　　　　图 6-104　插入帧

（3）新建"图层 3"和"图层 4"，在第 10 帧和第 15 帧之间拖入"线条"元件并分别创建"线条"元件实例的补间动画，如图 6-105 所示。

（4）新建"图层 5"和"图层 6"，在第 15 帧和第 25 帧之间拖入"线条"元件，并分别创建"线条"元件实例的补间动画，如图 6-106 所示。

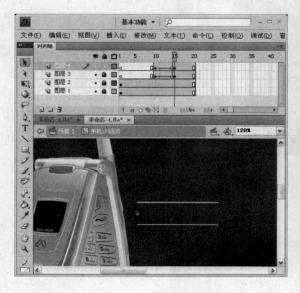

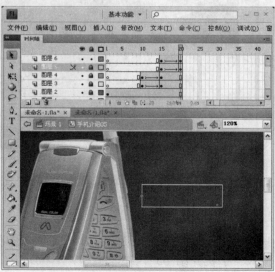

图 6-105　在"图层 3"、"图层 4"操作　　　　图 6-106　在"图层 5"、"图层 6"操作

（5）新建"图层 7"，在第 15 帧处插入关键帧，使用"文本工具" **T** 在编辑区中输入文字 "支持多媒体讯息服务"，如图 6-107 所示。然后在"图层 7"的第 20 帧处插入关键帧，并在"动作"面板中输入代码："stop();"。

图 6-107　输入文字

制作按钮元件

（1）执行"插入→新建元件"命令，弹出"创建新元件"对话框，在"名称"文本框中输入"重新演示"，在"类型"下拉列表中选择"按钮"选项，如图 6-108 所示。完成后单击"确定"按钮进入元件编辑区。

（2）选择"文本工具" **T**，在"属性"面板中设置字体为"方正黑体简体"，字号为 17，文本颜色为白色，在元件编辑区中输入文本"重新演示"，然后分别在"指针经过"帧、"按下"帧处按 F6 键，插入关键帧，如图 6-109 所示。

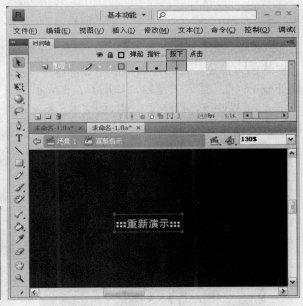

图 6-108　"创建新元件"对话框　　　　图 6-109　输入文字

（3）选择"指针经过"帧处的文本，将文本颜色更改为蓝色（#00CCFF），如图 6-110 所示。

（4）在"点击"帧处按 F7 键插入空白关键帧，单击"矩形工具" ▢，在工作区中绘制一个矩形，颜色随意，如图 6-111 所示。

图 6-110　更改文本颜色

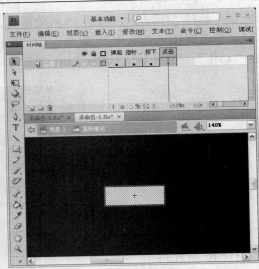

图 6-111　绘制矩形

（5）创建一个"名称"为"上一个"的按钮元件，如图 6-112 所示。完成后单击"确定"按钮进入元件编辑区。

图 6-112　"创建新元件"对话框

（6）选择"文本工具"**T**，在"属性"面板中设置字体为"方正黑体简体"，字号为 17，文本颜色为白色，在元件编辑区中输入文本"上一个"，然后分别在"指针经过"帧、"按下"帧处按 F6 键，插入关键帧，如图 6-113 所示。

（7）选择"指针经过"帧处的文本，将文本颜色更改为蓝色（#00CCFF），如图 6-114 所示。

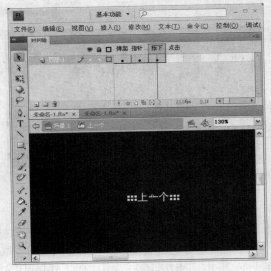

图 6-113　输入文字

图 6-114　更改文本颜色为蓝色

（8）在"点击"帧处按 F7 键插入空白关键帧，单击"矩形工具"　，在工作区中绘制一个矩形，颜色随意，如图 6-115 所示。

（9）按照同样的方法再创建一个"下一个"按钮，如图 6-116 所示。

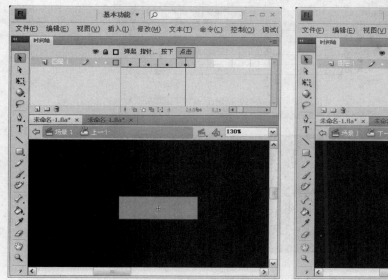
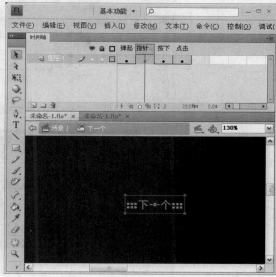

图 6-115　绘制矩形　　　　　　　　　　　图 6-116　制作"下一个"按钮

编辑场景

（1）返回场景 1，将"图层 1"命名为"背景"，打开"库"面板，将"背景动画"影片剪辑元件拖入舞台中，并在第 630 帧处插入帧，如图 6-117 所示。

（2）新建"图层 2"，在第 15 帧处插入关键帧，分别将"飞行的圆 01"和"飞行的圆 02"影片剪辑拖入场景中，在第 35 帧处插入关键帧，再将"飞行的圆 01"影片剪辑拖入场景中，选择第 371 帧到第 630 帧，按 Shift+F5 组合键删除帧，如图 6-118 所示。

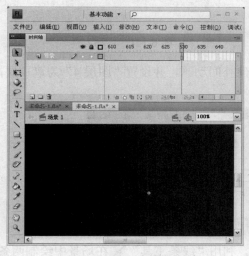
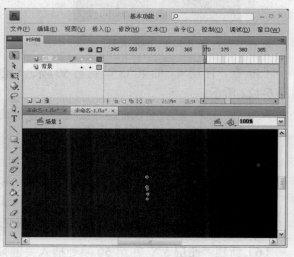

图 6-117　插入帧　　　　　　　　　　　　图 6-118　删除帧

（3）锁定"背景"和"图层 2"，新建"图层 3"，在第 35 帧处插入关键帧，选择"线条工具" ＼在场景中绘制两条直线，在第 51 帧处按 F7 键插入空白关键帧，如图 6-119 所示。

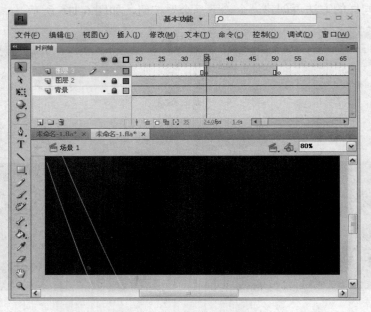

图 6-119　插入空白关键帧

（4）新建"图层 4"，在第 35 帧处插入关键帧，在"库"面板中将"形状"图形元件拖入到场景中，如图 6-120 所示。在第 50 帧处插入关键帧，将其向右下方移动，如图 6-121 所示。

图 6-120　拖入元件

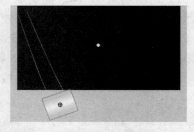

图 6-121　移动元件

（5）在"图层 4"的第 35 帧到第 50 帧之间创建补间动画，并设置"图层 4"为遮罩层，如图 6-122 所示。

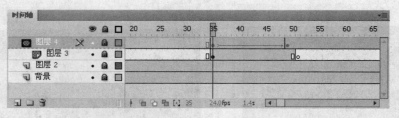

图 6-122　设置遮罩层

（6）新建"图层 5"，在第 50 帧处插入关键帧，利用"线条工具" ＼在场景中绘制两条直线，在第 66 帧处按 F7 键插入空白关键帧，如图 6-123 所示。

（7）新建"图层 6"，在第 50 帧处插入关键帧，在"库"面板中将"形状"图形元件拖入到场景中，如图 6-124 所示。在第 65 帧处插入关键帧，将其向左上方移动，如图 6-125 所示。

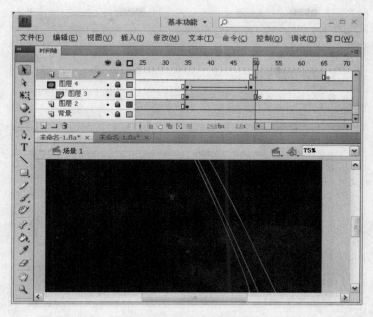

图 6-123　插入空白关键帧

图 6-124　拖入元件

图 6-125　移动元件

（8）在"图层 6"的第 50 帧到第 65 帧之间创建补间动画，并设置"图层 6"为遮罩层，如图 6-126 所示。

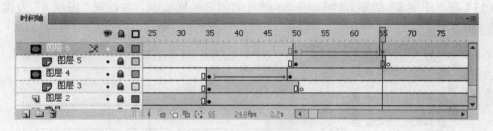

图 6-126　设置遮罩层

（9）新建"图层 7"，在第 65 帧处插入关键帧，在场景中绘制一个手机的线条图形，并在第 86 帧处按 F7 键插入空白关键帧，如图 6-127 所示。

（10）新建"图层 8"，在第 65 帧处插入关键帧，在"库"面板中将"形状"图形元件拖入到场景中，如图 6-128 所示。在第 85 帧处插入关键帧，将其向右下方移动，如图 6-129 所示。然后在第 86 帧处插入空白关键帧。

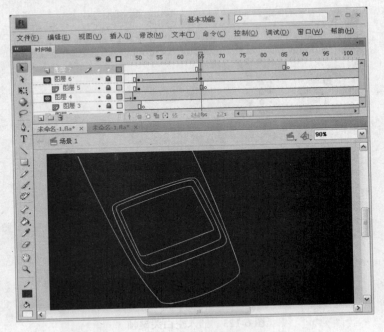

图 6-127 插入空白关键帧

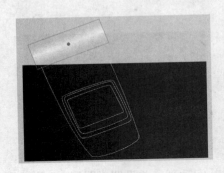

图 6-128 拖入元件

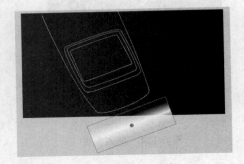

图 6-129 移动元件

（11）在"图层 8"的第 65 帧到第 85 帧之间创建补间动画，并设置"图层 8"为遮罩层，如图 6-130 所示。

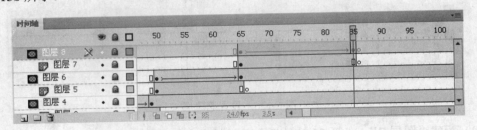

图 6-130 设置遮罩层

（12）新建"图层 9"，在第 86 帧处插入关键帧，将"手机线条"影片剪辑拖入到场景

中，选择元件实例，打开"缩放和旋转"对话框，设置"缩放"值为"80%""旋转"值为"-30
度"，如图 6-131 所示。

（13）将缩放和旋转后的元件实例再复制 5 个到场景中，并在"图层 9"的第 155 帧处
插入空白关键帧，如图 6-132 所示。

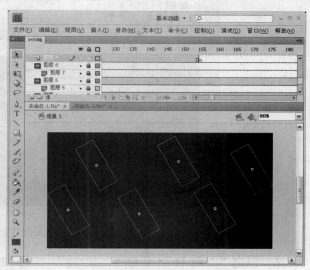

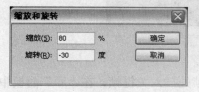

图 6-131 "缩放和旋转"对话框   图 6-132 插入空白关键帧

（14）新建"图层 10"，在第 146 帧处插入关键帧，在"库"面板中将"手机"图形元
件拖入到场景中，然后在第 230 帧处插入关键帧，选择第 146 帧处的元件实例，在"属性"面板
中设置"亮度"为"-100%"，最后在第 146 帧和第 230 帧之间创建补间动画，如图 6-133 所示。

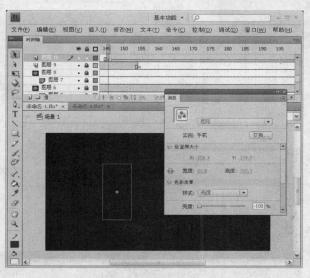

图 6-133 设置亮度

（15）锁定"图层 10"，新建"图层 11"，在第 146 帧处插入关键帧，将"库"面板中的
"手机线条"影片剪辑拖入到场景中，设置元件实例的"宽度"为"66.8"，"高度"为"165.3"，
并使其与"图层 10"第 145 帧的元件实例完全重合，如图 6-134 所示。

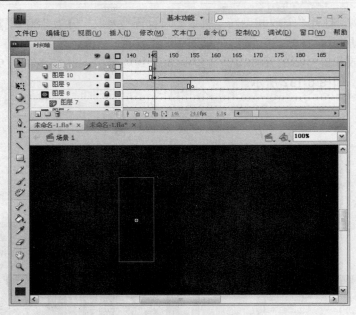

图 6-134　拖入影片剪辑

（16）锁定"图层 11"，新建"图层 12"，在第 220 帧处插入关键帧，在"库"面板中将"星星 02"影片剪辑拖入到场景中，设置其元件实例的"缩放"值为"15%"，"Alpha"值为"60%"；再复制一个元件实例，设置其"X"坐标值为"230.0"，"Y"坐标值为"160.0"，"Alpha"值为"80%"，如图 6-135 所示。

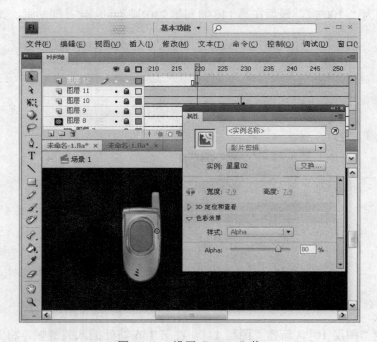

图 6-135　设置"Alpha"值

（17）锁定"图层 12"，新建"图层 13"，在第 222 帧处插入关键帧，将"库"面板中的

"星星 02"影片剪辑拖入到场景中，设置其元件实例的"缩放"值为"20%"，"X"坐标值为"180.3"，"Y"坐标值为"127.3"，如图 6-136 所示。

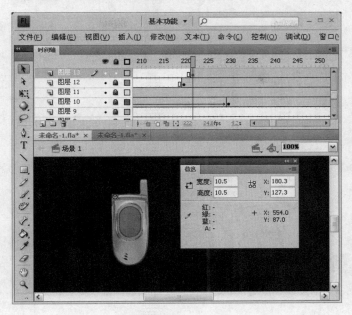

图 6-136 拖入元件

（18）锁定"图层 13"，新建"图层 14"，在第 226 帧处插入关键帧，将"库"面板中的"星星 01"影片剪辑拖入场景中，设置其元件实例的"缩放"值为"5%"，然后在"属性"面板设置"Alpha"值为"60%"，如图 6-137 所示。

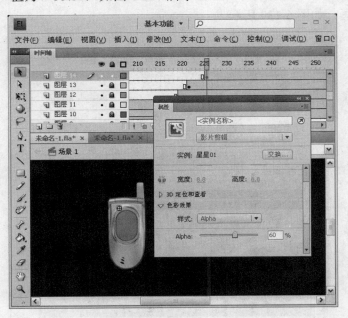

图 6-137 设置"Alpha"值

（19）锁定"图层 14"，新建"图层 15"，在第 246 帧处插入关键帧，将"库"面板中的

"手机介绍"影片剪辑拖入到场景中，然后在第 251 帧处插入关键帧，将该帧处的元件向右移动，最后在第 246 帧到第 251 帧之间创建补间动画，如图 6-138 所示。

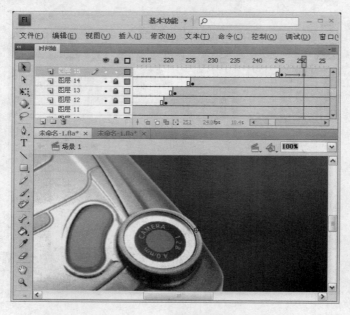

图 6-138　在第 246 到第 251 帧创建补间动画

（20）在"图层 15"的第 253 帧处插入关键帧，将该帧处的元件向左移动，在第 255 帧处插入关键帧，将该帧处的元件向右移动，在第 257 帧处插入关键帧，将该帧处的元件向左移动，最后分别在第 251 帧到第 253 帧之间、第 253 帧到第 255 帧之间、第 255 到第 257 帧之间创建补间动画，如图 6-139 所示。

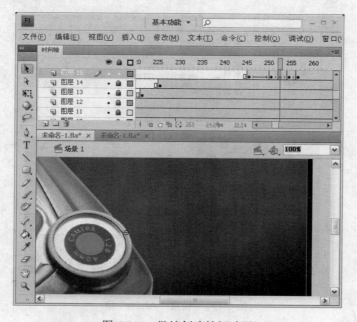

图 6-139　继续创建补间动画

（21）锁定"图层 15"，新建"图层 16"，在第 301 帧处插入关键帧，在"库"面板中将"手机介绍 02"影片剪辑拖入到场景中，在第 305 帧处插入关键帧，将该帧处的元件向右移动；然后在第 301 帧到第 305 帧之间创建补间动画，如图 6-140 所示。

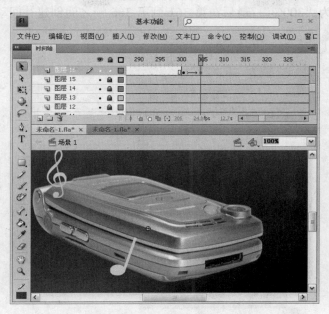

图 6-140　在第 301 到第 305 帧创建补间动画

（22）在"图层 16"的第 307 帧处插入关键帧，将该帧处的元件向上移动，在第 309 帧处插入关键帧，将该帧处的元件向下移动；在第 311 帧处插入关键帧，将该帧处的元件向上移动；最后分别在第 305 帧到第 307 帧之间、第 307 帧到第 309 帧之间、第 309 到第 311 帧之间创建补间动画，如图 6-141 所示。

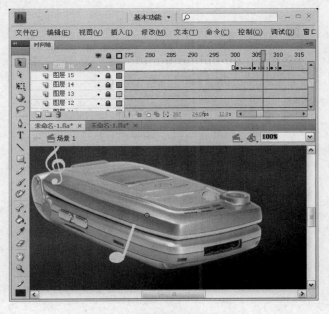

图 6-141　继续创建补间动画

（23）锁定"图层 16"，新建"图层 17"，在第 361 帧处插入关键帧，将"手机介绍 03"影片剪辑拖入场景中。在第 366 帧处插入关键帧，打开"缩放和旋转"对话框，设置元件实例的"缩放"值为"90%"；选择第 361 帧的元件实例，在"缩放和旋转"对话框中设置元件实例的"缩放"值为"300%"；最后在第 361 到第 366 帧之间创建补间动画，如图 6-142 所示。

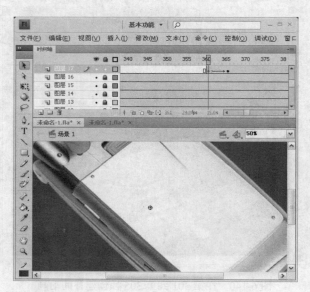

图 6-142　在第 361 到第 366 帧创建补间动画

（24）在"图层 17"的第 368 帧处插入关键帧，将该帧处的元件放大；在第 370 帧处插入关键帧，将该帧处的元件缩小；在第 372 帧处插入关键帧，将该帧处的放大；最后分别在第 366 帧到第 368 帧之间、第 368 帧到第 370 帧之间、第 370 到第 372 帧之间创建补间动画，如图 6-143 所示。

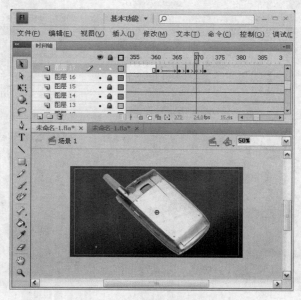

图 6-143　继续创建补间动画

（25）锁定"图层 17"，新建"图层 18"，在第 411 帧处插入关键帧，将"手机介绍 04"影片剪辑拖入到场景中，使用"任意变形工具"对元件实例进行垂直缩放变形，使其"高度"为"10"，"宽度"不变，"X"坐标值为"0.0"，"Y"坐标值为"170.0"；在第 416 帧处插入关键帧，使用"任意变形工具"对元件实例进行垂直缩放变形，使其"高度"为"375"，"宽度"不变；最后在第 411 帧到第 416 帧之间创建补间动画，如图 6-144 所示。

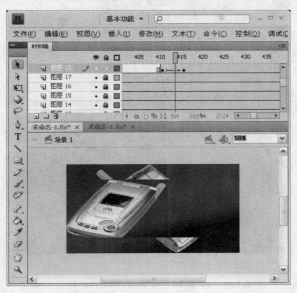

图 6-144　在第 411 到第 416 帧创建补间动画

（26）在"图层 18"的第 418 帧处插入关键帧，设置元件实例的"高度"为"325"；在第 420 帧处插入关键帧，设置元件实例的"高度"为"365"；在第 422 帧处插入关键帧，设置元件实例的"高度"为"350"；最后分别在第 416 帧到第 418 帧之间、第 418 帧到第 420 帧之间、第 420 到第 422 帧之间创建补间动画，如图 6-145 所示。

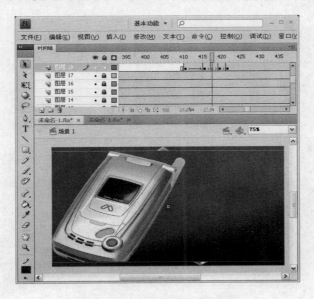

图 6-145　继续创建补间动画

（27）锁定"图层 18"，新建"图层 19"，在第 461 帧处插入关键帧，将"手机介绍 05"影片剪辑拖入到场景中；在第 466 帧处插入关键帧，选择第 461 帧的元件实例，设置"缩放"值为"5%"，选择第 466 帧的元件实例，设置"缩放"值为"110%"；最后在第 461 帧到第 466 帧之间创建补间动画，如图 6-146 所示。

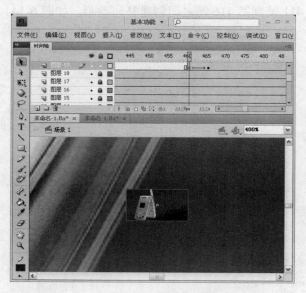

图 6-146 在第 461 到第 466 帧创建补间动画

（28）在"图层 18"的第 468 帧处插入关键帧，设置元件实例的"宽度"为"617.5"，"高度"为"323.5"；在第 470 帧处插入关键帧，设置元件实例的"宽度"为"682.5"，"高度"为"367.5"；在第 472 帧处插入关键帧，设置元件实例的"宽度"为"650.0"，"高度"为"350.0"；最后分别在第 466 帧到第 468 帧之间、第 468 帧到第 470 帧之间、第 470 到第 472 帧之间创建补间动画，如图 6-147 所示。

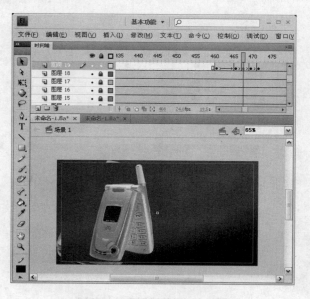

图 6-147 继续创建补间动画

（29）在"图层 19"的第 516 帧和第 521 帧处分别插入关键帧，选择第 521 帧的元件实例，将其向右移动，然后在第 516 帧和第 521 帧之间创建动作补间动画，最后在第 522 帧处插入空白关键帧，如图 6-148 所示。

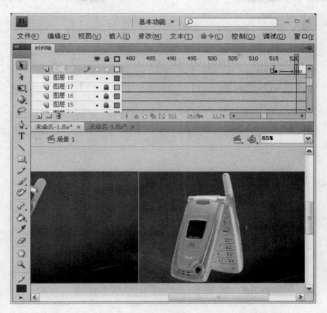

图 6-148　在第 516 到第 521 帧创建补间动画

（30）在"图层 18"的第 521 帧和第 526 帧处分别插入关键帧，选择第 526 帧的元件实例，将其向右移动，然后在第 521 帧和第 526 帧之间创建动作补间动画，最后在第 527 帧处插入空白关键帧，如图 6-149 所示。

图 6-149　在第 521 到第 526 帧创建补间动画

（31）在"图层 17"的第 526 帧和第 531 帧处分别插入关键帧，选择第 531 帧的元件实例，将其向上移动，然后在第 526 帧和第 531 帧之间创建动作补间动画，最后在第 532 帧处插入空白关键帧，如图 6-150 所示。

图 6-150　在第 526 到第 531 帧创建补间动画

（32）在"图层 16"的第 531 帧和第 536 帧处分别插入关键帧，选择第 536 帧的元件实例，将其向左移动，然后在第 531 帧和第 536 帧之间创建动作补间动画，最后在第 537 帧处插入空白关键帧，如图 6-151 所示。

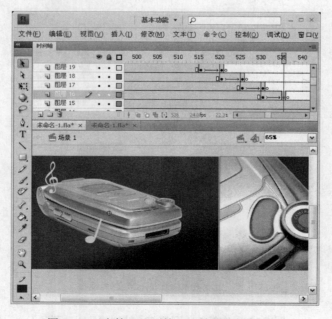

图 6-151　在第 531 到第 536 帧创建补间动画

（33）在"图层15"的第536帧和第541帧处分别插入关键帧，选择第541帧的元件实例，将其向右下方移动，然后在第536帧和第541帧之间创建动作补间动画，最后在第542帧处插入空白关键帧，如图6-152所示。

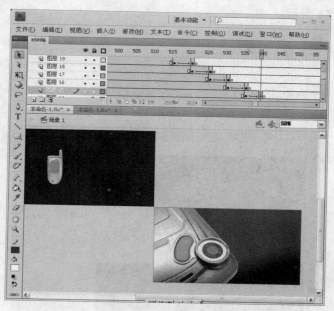

图6-152　在第536到第541帧创建补间动画

（34）新建"图层20"和"图层21"，分别在两个图层的第541帧处插入关键帧，在"图层21"的第541帧处使用"铅笔工具" 绘制一段圆形线条，如图6-153所示。

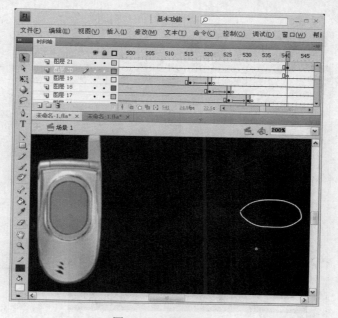

图6-153　绘制线条

（35）选择"图层20"的第541帧，将"库"面板中的"文字图像"图形元件拖入到场景中，打开"缩放和旋转"对话框，设置元件实例的"缩放"值为"70%"；在第 571 帧处插入关键帧，选择第 571 帧的元件实例，设置"亮度"为"100%"；在第 601 帧处插入关键帧，设置元件实例的"亮度"为"0"；在第 630 帧处插入关键帧，设置元件实例的"亮度"为"100%"。如图 6-154 所示。

图 6-154 设置亮度

（36）在"图层 21"上单击鼠标右键，在弹出的快捷菜单中选择"引导层"命令，如图 6-155 所示。

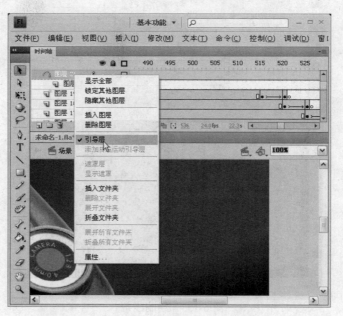

图 6-155 选择"引导层"命令

（37）选择"图层 20"第 541 帧的元件实例并拖动，使其与引导线①的一端对齐，如图 6-156 所示。选择"图层 20"第 571 帧的元件实例，使其对齐引导线的中间位置，如图 6-157 所示。

图 6-156　第 541 帧　　　　　　　　　　　　　　图 6-157　第 571 帧

（38）选择选择"图层 20"第 601 帧的元件实例，使其对齐引导线的中间位置，如图 6-158 所示。选择"图层 20"第 630 帧的元件实例，使其对齐引导线的另一端，如图 6-159 所示。

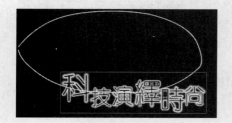

图 6-158　第 601 帧　　　　　　　　　　　　　　图 6-159　第 630 帧

（39）分别在"图层 20"的第 541 帧到第 571 帧之间、第 571 帧到第 601 帧之间、第 601 帧到第 630 帧之间创建补间动画，如图 6-160 所示。

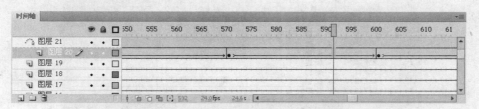

图 6-160　创建补间动画

（40）锁定"图层 21"，新建"图层 22"，在第 541 帧处插入关键帧，将"库"面板中的"重新演示"按钮元件拖入到场景中，如图 6-161 所示。

（41）选择"图层 22"第 541 帧的按钮元件实例，打开"动作"面板，输入如下代码：

```
on (release) {
    gotoAndPlay(1);
}
```

（42）新建"图层 23"，执行"文件→导入→导入到库"命令，将一个背景音乐文件导入到库中。然后选择"图层 23"的第 1 帧，在"属性"面板上的"名称"下拉列表中选择导入的音乐文件，然后设置"同步"为"数据流"、"重复"、"3"，如图 6-162 所示。

①引导层上的引导线只用于在制作动画时作为参考线，不会出现在影片播放过程中。

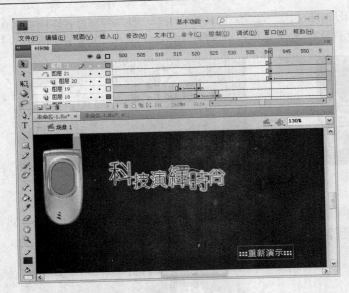

图 6-161　拖入按钮元件"重新演示"

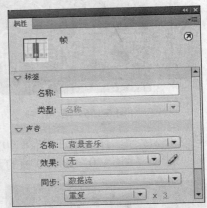

图 6-162　"属性"面板

（43）选择"图层 20"的第 630 帧，在"动作"面板中输入如下代码：

gotoAndPlay(541);

（44）新建"图层 24"，在第 245 帧处插入关键帧，将"库"面板中的"上一个"与"下一个"按钮元件拖入到舞台上如图 6-163 所示的位置。

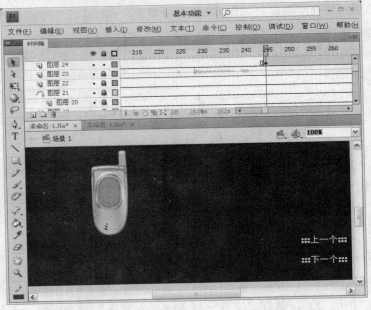

图 6-163　拖入按钮元件"上一个"和"下一个"

（45）分别在"图层 24"的第 300 帧、第 360 帧、第 410 帧、第 460 帧、第 516 帧处插入关键帧，在第 537 帧处插入空白关键帧，如图 6-164 所示。

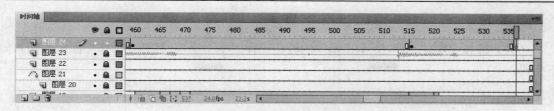

图 6-164　插入关键帧与空白关键帧

（46）选择"图层 24"第 245 帧中的按钮元件"下一个"，打开"动作"面板并输入如下代码：

```
on(press){
    gotoAndPlay(246);
}
```

（47）选择"图层 24"第 245 帧中的按钮元件"上一个"，打开"动作"面板并输入如下代码：

```
on(press){
gotoAndPlay(1);
}
```

（48）选择"图层 24"第 300 帧中的按钮元件"下一个"，打开"动作"面板并输入如下代码：

```
on(press){
    gotoAndPlay(301);
}
```

（49）选择"图层 24"第 300 帧中的按钮元件"上一个"，打开"动作"面板并输入如下代码：

```
on(press){
gotoAndPlay(246);
}
```

（50）选择"图层 24"第 360 帧中的按钮元件"下一个"，打开"动作"面板并输入如下代码：

```
on(press){
    gotoAndPlay(361);
}
```

（51）选择"图层 24"第 360 帧中的按钮元件"上一个"，打开"动作"面板并输入如下代码：

```
on(press){
    gotoAndPlay(301);
}
```

```
}
```

（52）选择"图层 24"第 410 帧中的按钮元件"下一个"，打开"动作"面板并输入如下代码：

```
on(press){
    gotoAndPlay(411);
}
```

（53）选择"图层 24"第 410 帧中的按钮元件"上一个"，打开"动作"面板并输入如下代码：

```
on(press){
gotoAndPlay(361);
}
```

（54）选择"图层 24"第 460 帧中的按钮元件"下一个"，打开"动作"面板并输入如下代码：

```
on(press){
    gotoAndPlay(461);
}
```

（55）选择"图层 24"第 460 帧中的按钮元件"上一个"，打开"动作"面板并输入如下代码：

```
on(press){
gotoAndPlay(411);
}
```

（56）选择"图层 24"第 516 帧中的按钮元件"下一个"，打开"动作"面板并输入如下代码：

```
on(press){
    gotoAndPlay(517);
}
```

（57）选择"图层 24"第 516 帧中的按钮元件"上一个"，打开"动作"面板并输入如下代码：

```
on(press){
    gotoAndPlay(461);
}
```

（58）新建"图层 25"，分别在第 245 帧、第 300 帧、第 360 帧、第 410 帧、第 460 帧、第 516 帧处插入关键帧，并分别为这些帧添加代码："stop();"，如图 6-165 所示。

图 6-165　插入关键帧并添加代码

测试影片

（1）执行"文件→保存"命令，打开"另存为"对话框，在"保存在"下拉列表中选择保存路径，在"文件名"文本框中输入动画名称，如图 6-166 所示。完成后单击"保存"按钮。

图 6-166　保存文档

（2）按 Ctrl+Enter 组合键测试动画，即可看到制作的手机产品多媒体演示动画效果，如图 6-167 所示。

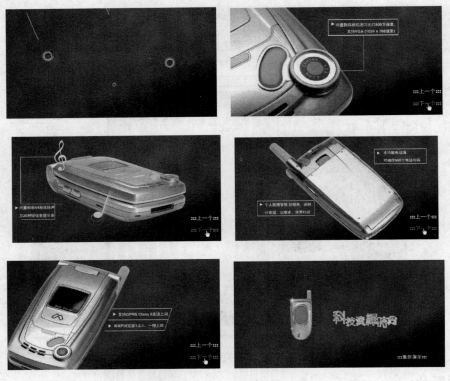

图 6-167　测试动画

知识点总结

　　本例主要运用了影片剪辑元件、图形元件、按钮元件、设置图像样式、图层功能与 ActionScript 技术。

　　影片剪辑是 Flash 电影中常用的元件类型，是独立于电影时间线的动画元件，主要用于创建具有一段独立主题内容的动画片段。当影片剪辑所在图层的其他帧没有别的元件或空白关键帧时，它不受目前场景中帧长度的限制，进行循环播放；如果有空白关键帧，并且空白关键帧所在位置比影片剪辑动画的结束帧靠前，影片会结束。

　　如果在一个 Flash 影片中，某一个动画片段会在多个地方使用，这时可以把该动画

片段制作成影片剪辑元件。和制作图形元件一样，在制作影片剪辑时，可直接创建一个空白的影片剪辑，然后在影片剪辑编辑区中对影片剪辑进行编辑。

　　Flash 每一个层之间相互独立，都有自己的时间轴，包含自己独立的多个帧。当修改某一图层时，不会影响到其他图层上的对象。为了便于理解，也可以将图层比喻为一张透明的纸，而动画里的多个图层就像一叠透明的纸。时间轴上的图层控制区各部分的含义如下。

　　● 👁：该按钮用于隐藏或显示所有图层，单击它即可在两者之间进行切换，单击

其下的 ● 图标可隐藏当前图层，隐藏的图层上将标记一个 ✖ 符号。

● 🔒：该按钮用于锁定所有图层，再次单击该按钮可解锁，单击其下的 ● 图标可锁定当前图层，锁定的图层上将标记一个 🔒 符号。

● ▢：单击该按钮可用图层的线框模式隐藏所有图层，单击其下的 ● 图标将以线框模式隐藏当前图层，图层上标记变为 ▢。

● 🔲 图层 2：表示当前图层的名称，图层名称可以更改。

● ◪：表示当前图层的性质，当该图标为 ◪ 时，表示当前层是普通层，当该图标为

◪ 时，表示当前层是引导层，当该图标为 ◪ 时，表示该层被遮蔽了。

● ✏：单击该按钮可使图层处于不可编辑状态。

● 🔲：用于新建普通层。

● 📁：用于新建图层文件夹。

● 🗑：用于删除选中的图层。

引导层是 Flash 中的特殊图层，要创建引导层动画，需要两个图层。在引导层的帮助下，可以实现对象沿着特定的路径运动，也可以使多个图层与同一个运动引导层相关联，从而使多个对象沿相同的路径运动。

拓展训练

为了更加明确地了解新旧版本的不同，体现新版本带来的便捷，下面使用 Flash CS3 制作一个萤火虫动画，如图 6-168 所示。

图 6-168　动画效果

关键步骤提示：

（1）运行 Flash CS3，新建一个 Flash 空白文档。在"文档属性"对话框，将"尺寸"设置为 500 像素（宽）×400 像素（高），"背景颜色"设置为黑色，设置完成后单击"确定"按钮。

（2）执行"插入→新建元件"命令，打开"创建新元件"对话框，在"名称"文本框中输入元件的名称"萤火"，在"类型"区域中选择"图形"单选项。

（3）在图形元件"萤火"的编辑状态下，单击"椭圆工具" ⬭，然后再打开"颜色"面板，设置填充样式为"放射状"，填充颜色为由"#99CC00"到"#99CC00"的渐变，透明度由"100%"到"0"，如图 6-169 所示。

（4）在舞台中按住 Shift 键拖动鼠标绘制出一个正圆，在"属性"面板中设置圆的"宽度"和"高度"都为"30"。

（5）执行"插入→新建元件"命令，打开"创建新元件"对话框，在"名称"文本框中输入元件的名称"萤火虫动画"，在"类型"区域中选择"影片剪辑"单选项。

（6）在影片剪辑"萤火虫动画"的编辑状态下，从"库"面板里将图形元件"萤火"拖入到工作区中。然后选中"图层 1"，单击鼠标右键，在弹出的快捷菜单中选择"添加引导层"命令，如图 6-170 所示。

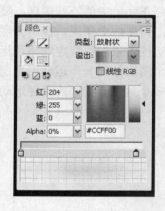

图 6-169   "颜色"面板

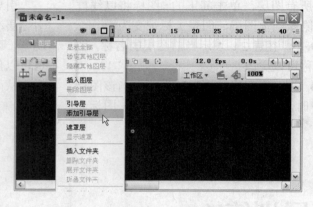

图 6-170   添加引导层

（7）选中"引导层"的第 1 帧，使用"铅笔工具" ✏ 在工作区中随意绘制一条不闭合的路径。然后在"图层 1"的第 200 帧处插入关键帧，在"引导层"的第 200 帧处插入帧。

（8）拖动"图层 1"第 1 帧处的图形元件"萤火"，使其中心点对齐到路径的一端，如图 6-171 所示。

（9）拖动"图层 1"第 200 帧处的图形元件"萤火"，使其中心点对齐到路径的另一端，如图 6-172 所示。

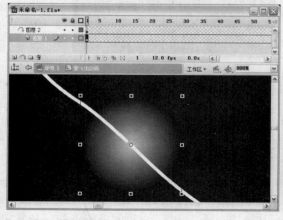

图 6-171   在第 1 帧对齐路径

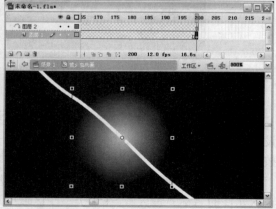

图 6-172   在第 200 帧对齐路径

（10）在"图层 1"的第 1 帧与第 200 帧之间创建补间动画。回到主场景，执行"文件

→导入→导入到舞台"命令，将一幅背景图片导入到舞台中，并将其转换为图形元件。

（11）选中舞台上的背景图片，打开"属性"面板，在"颜色"下拉列表框中选择"色调"选项，并将图片的色调设置为黑色，透明度为 11%，如图 6-173 所示。

图 6-173 调整色调

（12）新建一个图层，将"库"面板中的"萤火虫动画"影片剪辑分别拖动 14 次到舞台上，分别对其进行缩放变形后，放置在不同的位置，如图 6-174 所示。

图 6-174 拖入影片剪辑

（13）执行"文件→保存"命令保存文件，然后按 Ctrl+Enter 组合键测试动画，即可欣赏到本例最终的效果。

职业快餐

在实际的多媒体演示动画商业项目操作过程中应注意以下一些问题：

（1）节奏

多媒体演示是文字、图形、图像、音乐等多种媒体的集合体，不同的媒体其自身的节奏特性不同，而运用的时机、长短、位置、方式等诸多因素所营造的节奏效果又会不同。编写制作脚本的过程，即是对各种媒体节奏设计的过程。通过编写制作脚本，可更为科学、合理地设计出不同媒体的使用方案，将不同媒体的节奏曲线完美组合，从而绘制出该演示总体的节奏曲线。在此过程中要注意以下两点：

● 要让各种媒体运动起来。节奏是运动的产物，它存在于运动和变化之中。当然，这里所指的运动并非单指具体物体的运动，而是人体感官能够感觉到的一切变化。让各种媒体运动起来的目的，是为了加强对观众视觉的刺激，从而更直接地给人们带来节奏感。媒体的运动不是随意的，无节奏的，在脚本的编写过程中需要创作人员进行艺术效果的精心设计。

● 恰当、合理地使用不同媒体。通过编排制作脚本，可将具有不同节奏性质的内容，根据整个项目的结构要求，做出合理的配置，使各种媒体"演员"该出场时才出场，使整个演示动画的节奏结构更为合理，更使人愿意接受。如音乐、动画等动态信息的分配，可做到恰如其分，更有针对性，给观众清晰直观的感受。

（2）色彩

色彩基调对节奏的影响很大，制作过程中应认真对待，切不可不顾整体，杂乱无章，随意编排颜色。不论运用哪种色调，都要使之成为整个项目的主"旋律"；不管其中有多少变化，这个"旋律"都始终占主导地位，这就是我们所说的基本色调。

确定色彩基调的目的是为了产生美感和协调感，并不是要将动画中的色彩"束缚"起来。应该充分运用色彩基调的"语言"作用，使观众在观看演示时，不断地将眼睛接收到的色彩"语言"信息，按造人们的习惯经验联系起来，从而调动起大脑的思维。色彩的配置可具体从以下三个方面入手：

● 尽量保持连续。色彩基调的形成是靠某种颜色的重复使用或连续使用来实现的。重复性节奏也是色彩节奏中的主要表现之一。只有重复和连续，才能产生和谐一致的效果和前后连续、紧密的关系。造成内容结构相一致的板块效果。

● 合理调整变化。颜色一味不变，容易产生视觉疲劳。我们强调形成基调并不是不要变化，而是提倡变化的合情合理，不破坏整体的统一气氛。有哪些措施可以实现既富于变化又协调统一呢?或变化颜色的纯度，或变化颜色的明暗，或变化背景图案，之间最好留有部分共有不变的东西作为相互联系的纽带，即有变有不变。

● 控制色彩用量。屏幕的色彩使用要有一定的数量限制，不可过多过杂，否则就会使人产生视觉疲劳，还会使观众的注意力降低或分散。所以，在一个屏幕界面上，即使是在色彩基调基本一致的情况下，色彩的种类也不宜太多，一般应控制在五种以内。

（3）屏幕

屏幕信息的布局是对信息的全面安排。媒体的综合性是多媒体的基本特点，每一屏幕的内容，往往不是单一的媒体形式，常常是文、图、声、像等不同媒体的组合。因此，各种媒体只有配合得当，才能使屏幕整体得以协调并产生节奏美感。

一部演示动画的屏幕界面整体视觉前后相一致，形象格式力求相一致，图标按钮要求相一致，文、图排列顺序、形式相一致。

（4）文字

在多媒体演示动画的制作环节中，文字处理的工作量通常情况下都比较多。同时，文字在多媒体中的使用频率也是较高。因此，文字的设计在演示动画的制作中就显得格外重要。设计上应体现"主体突出、层次分明、运动和谐"的节奏美感。

● 主体突出。文字的版面设计，应发挥其时代特点或艺术特点，要与文字内容总的精神相吻合。文字颜色的设置，要与其背景（底色）相参照。配图、衬底、加颜色，都要保证文字不受影响。

● 层次分明。对于各级标题的处理应有所区别，可适当突出总标题和大标题的特色。对于中、小标题，则不需变化太大，若变换了字体，就不必要再改变字号和颜色。对文字与背景颜色的选择，或是为了突出主题，使用补色，或是为了强调统一，使用类似色，或是为了抒发情感，使用具有象征意义的颜色等。

● 运动和谐。运动的文字可以调节气氛，唤醒视觉注意，从而能够加强重点内容的感染力。要防止过分花哨、故弄玄虚、喧宾夺主的现象发生。

案例 7

公司网站制作

素材路径：源文件与素材\案例 7\素材
源文件路径：源文件与素材\案例 7\源文件

情景再现

这天，我正在网上查收客户的邮件，业务部的小宋推门进来说："何哥，张经理让你去他办公室一趟。"我一听经理找我不禁有点纳闷，心想经理找我会是什么事情呢？于是谢过小宋快步往经理室走去。敲门进去后，发现里面除了经理之外还有一个陌生的男士，这时经理站起来介绍到："小何啊，这时本市著名吸力王吸尘器有限公司的杨经理，杨经理，这是小何。"我一听连忙和杨经理打招呼。

杨经理站起来和我握了握手说："小何是这样的，我准备给我公司的产品做一个介绍性的 Flash 网站，

主要突出我们的产品、公司地址、公司简介等这些基本的内容，听朋友介绍说你们公司做这些做的很好，所以这不就来了。""是啊，小何我和杨经理也算是老朋友了，你是这方面的专家，所以就叫你过来，让你帮杨经理做这个网站。"经理说到。

"放心吧杨经理，我一定会给你做出最好的效果的，做好了我就和您联系，请您过目！。"

任务分析

● 使用 Flash 制作一个吸尘器生产商的网站。

● 页面不要太过花哨，以免浏览者忽视网站的主要目的——介绍公司及其产品。

● 动画不要过多，以免让浏览者眼花缭乱。

● 导航栏目要清晰明了，让浏览者能方便地找到需要的信息。

流程设计

首先制作网站中要使用的各个按钮元件，再制作图形元件与影片剪辑元件，然后编辑场景，最后制作网站的各个子文档并测试网站。

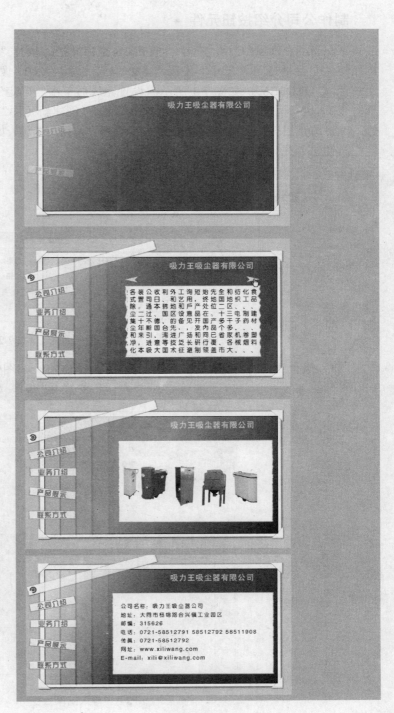

任务实现

制作公司介绍按钮元件

（1）运行 Flash CS4，新建一个 Flash 空白文档。执行"修改→文档"命令，打开"文档属性"对话框，将"尺寸"设置为 680 像素（宽）×400 像素（高），"背景颜色"设置为土黄色（#DED3B6），如图 7-1 所示。设置完成后单击"确定"按钮。

（2）执行"插入→新建元件"命令，弹出"创建新元件"对话框，在"名称"文本框中输入"公司介绍"，在"类型"下拉列表中选择"按钮"选项，如图 7-2 所示。完成后单击"确定"按钮进入元件编辑区。

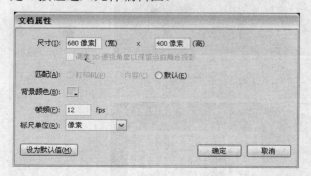

图 7-1　"文档属性"对话框

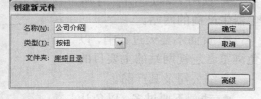

图 7-2　"创建新元件"对话框

（3）执行"文件→导入→导入到舞台"命令，将一幅图像导入到元件编辑区中，如图 7-3 所示。

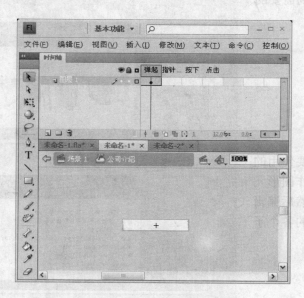

图 7-3　导入图像

（4）选择"文本工具" **T**，在图像的中心位置处输入"公司介绍"4 个字，字体选择"方正综艺简体"，字号为 17，颜色为深灰色（#666666），"字母间距"为 2，如图 7-4 所示。

（5）分别在"指针经过"处、"按下"与"点击"帧处插入关键帧。然后选中"指针经过"处的文本，将其颜色更改为深红色（#990000），如图 7-5 所示。

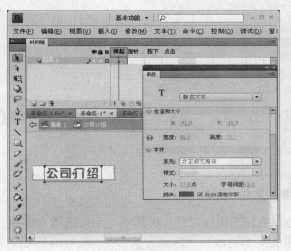
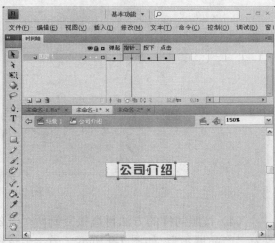

图 7-4 输入文字 　　　　　　　　　　　　图 7-5 更改文本颜色

重制按钮元件

（1）打开"库"面板，选择"公司介绍"按钮元件，单击鼠标右键，在弹出的快捷菜单中选择"直接复制"命令，如图 7-6 所示。

（2）此时打开"直接复制元件"对话框，设置"名称"为"业务介绍"，"类型"为"按钮"，如图 7-7 所示。完成后单击"确定"按钮。

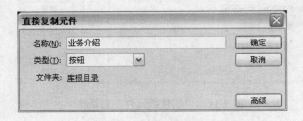

图 7-6 选择"直接复制"命令 　　　　　　图 7-7 "直接复制元件"对话框

（3）进入"业务介绍"按钮元件编辑区，将"弹起"处、"指针经过"处、"按下"与"点击"处的文本更改为"业务介绍"，如图 7-8 所示。

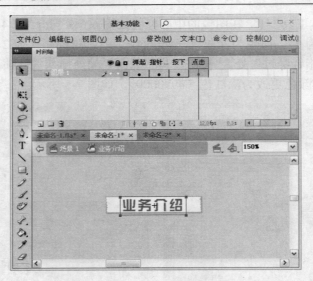

图 7-8　更改文本

（4）按照同样的方法再直接复制两个"公司介绍"按钮元件，将其中一个按钮的文本更改为"产品展示"，如图 7-9 所示。另一个按钮的文本更改为"联系方式"，如图 7-10 所示。

图 7-9　更改为"产品展示"

图 7-10　更改为"联系方式"

制作箭头按钮元件

（1）执行"插入→新建元件"命令，弹出"创建新元件"对话框，在"名称"文本框中输入"箭头按钮"，在"类型"下拉列表中选择"按钮"选项，如图 7-11 所示。完成后单击"确定"按钮进入元件编辑区。

（2）使用"线条工具" ＼ 在元件编辑区中绘制一个灰色的箭头，如图 7-12 所示。

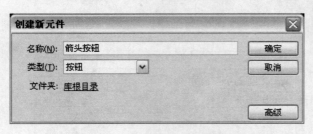

图 7-11　"创建新元件"对话框

图 7-12　绘制箭头

（3）在"点击"帧处插入关键帧，选择"矩形工具" ▢，绘制一个矩形覆盖箭头图案，如图 7-13 所示。

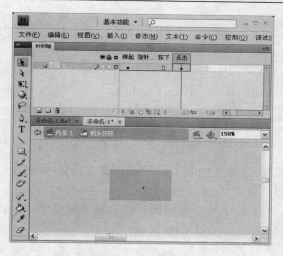

图 7-13 绘制矩形

制作图形元件

（1）执行"插入→新建元件"命令，弹出"创建新元件"对话框，在"名称"文本框中输入"背景色"，在"类型"下拉列表中选择"图形"选项，如图 7-14 所示。完成后单击"确定"按钮进入元件编辑区。

（2）选择"矩形工具" ，在工作区中绘制一个边框颜色为黑色、填充颜色随意的矩形。打开"颜色"面板，将"类型"设置为"线性"，在中间添加两个调色块，将调色块设置为浅蓝色（#419CD0）、蓝色（#288FCC）、深蓝色（#1875AB）、蓝色（#396CBF）的渐变，如图 7-15 所示。然后使用"颜料桶工具" 填充矩形。

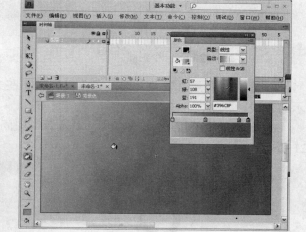

图 7-14 "创建新元件"对话框　　　　图 7-15 设置渐变颜色

（3）创建一个"名称"为"圆环"的图形元件，如图 7-16 所示。完成后单击"确定"按钮进入元件编辑区。

（4）选择"椭圆工具" ，在工作区中绘制一个无边框、填充色为黑色、宽和高都为17 的正圆，如图 7-17 所示。

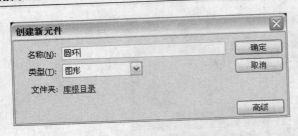

图 7-16 "创建新元件"对话框

图 7-17 绘制正圆

（5）新建"图层 2"，选择"椭圆工具" ，在工作区中绘制一个无边框、填充色为白色、宽和高都为 11 正圆，如图 7-18 所示。

（6）将"图层 2"第 1 帧中的正圆剪切并粘贴到"图层 1"第 1 帧中，再将白色正圆删除，得到一个封闭的黑色圆环，如图 7-19 所示。

图 7-18 绘制另一个正圆

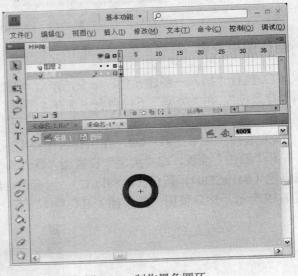

图 7-19 制作黑色圆环

（7）删除"图层 2"，选择"线条工具" ，在"图层 1"的第 1 帧中绘制两条如图 7-20所示的直线。

（8）删除刚绘制好的两条直线，以及直线中间的部分圆环，得到未封闭的圆环，如图7-21 所示。

图 7-20 绘制两条直线

图 7-21 制作未封闭的圆环

（9）创建"名称"为"纸条"的图形元件，如图 7-22 所示。完成后单击"确定"按钮进入元件编辑区。

（10）执行"文件→导入→导入到舞台"命令，将一幅图像导入到元件编辑区中，如图7-23 所示。

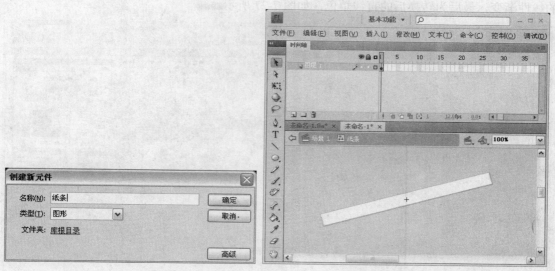

图 7-22　创建新元件"纸条"

图 7-23　导入图像

（11）创建"名称"为"竖条"的图形元件，如图 7-24 所示。完成后单击"确定"按钮进入元件编辑区。

（12）选择"矩形工具" ，在舞台中绘制一个无边框、填充色为白色、宽为 36、高为300 的矩形，如图 7-25 所示。

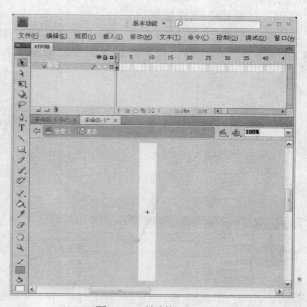

图 7-24　创建新元件"竖条"

图 7-25　绘制矩形

（13）选择"线条工具" ，在舞台中绘制一条黑色的笔触为 3.75 的直线，如图 7-26 所示。

（14）选择直线，执行"修改→形状→将线条转换为填充"命令。然后单击"颜料桶工具" 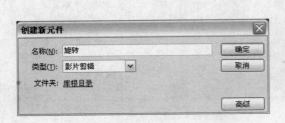，在"颜色"面板中设置填充色为褐色（#84754B）到"Alpha"值为 0 的褐色（#84754B）的线性渐变，最后为转换后的直线填色，如图 7-27 所示。

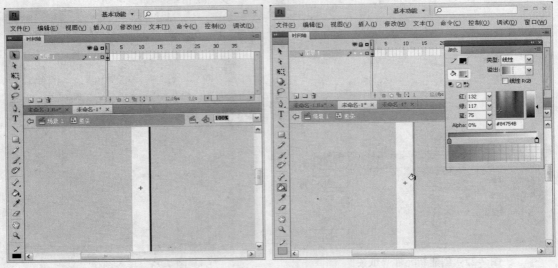

图 7-26　绘制直线　　　　　　　　图 7-27　设置渐变颜色

制作影片剪辑

（1）执行"插入→新建元件"命令，弹出"创建新元件"对话框，在"名称"文本框中输入"旋转"，在"类型"下拉列表中选择"影片剪辑"选项，如图 7-28 所示。完成后单击"确定"按钮进入元件编辑区。

（2）从"库"面板中拖曳元件"圆环"到工作区中，并在第 6 帧、第 15 帧、第 30 帧、第 40 帧处插入关键帧，然后分别在相邻关键帧之间创建补间动画，如图 7-29 所示。

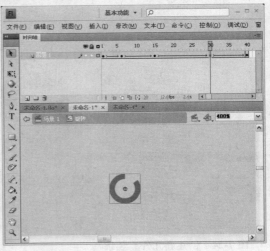

图 7-28　"创建新元件"对话框　　　　图 7-29　创建补间动画

（3）分别选择第 6 帧、第 15 帧、第 30 帧中的元件"圆环"，使用"任意变形工具" 将其向右旋转一定角度，如图 7-30 所示。

（4）新建"图层 2"，选择"椭圆工具" 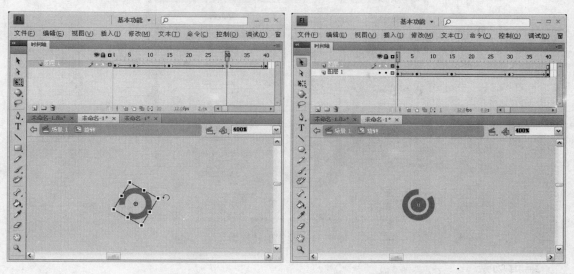，在工作区中绘制一个无边框、填充色为黑色、宽和高都为 8 的正圆，如图 7-31 所示。

图 7-30　旋转圆环　　　　　　　　　　　　　图 7-31　绘制正圆

（5）新建"图层 3"，选择"矩形工具" ，在工作区中绘制一个无边框、填充色为白色、宽为 1、高为 5.2 的矩形，如图 7-32 所示。

（6）选中白色矩形，按 F8 键打开"转换为元件"对话框，设置"名称"为"白条"，"类型"为"图形"，如图 7-33 所示。完成后单击"确定"按钮即可。

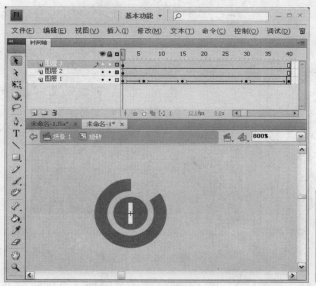

图 7-32　绘制矩形　　　　　　　　　　图 7-33　"转换为元件"对话框

（7）在"图层 3"的第 40 帧处插入关键帧，然后在第 1 帧与第 40 帧之间创建动作补间，并在"属性"面板中设置"旋转"为"顺时针"，旋转数为 2 次，如图 7-34 所示。

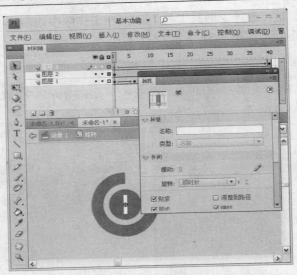

图 7-34　设置旋转次数

编辑场景

（1）返回场景 1，执行"文件→导入→导入到舞台"命令，将一幅背景图像导入到舞台上，然后在第 138 帧处插入帧，如图 7-35 所示。

（2）新建"图层 2"，从"库"面板中拖入元件"背景色"到舞台上，如图 7-36 所示。

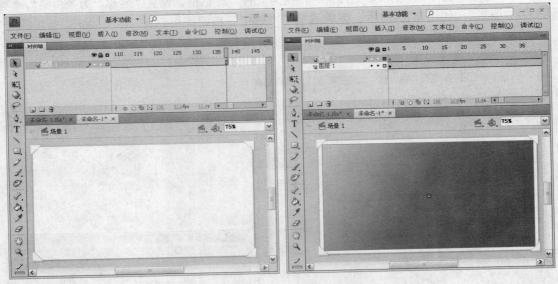

图 7-35　导入图像　　　　　　　　　　　　　图 7-36　拖入元件

（3）在"图层 2"的第 9 帧、第 55 帧、第 63 帧、第 64 帧处插入关键帧，分别将第 9帧、第 63 帧中元件"背景色"的 Alpha 值设置为 0，并在第 1 帧和第 9 帧、第 55 帧和第 63帧之间创建补间动画，如图 7-37 所示。

（4）复制"图层 2"的第 55 帧到第 64 帧，分别粘贴到第 80 帧、第 105 帧、第 130 帧，并删除第 138 帧以后的帧，如图 7-38 所示。

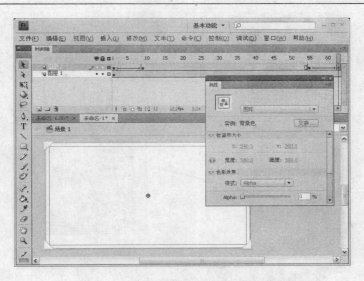

图 7-37 在"图层 2"创建补间动画

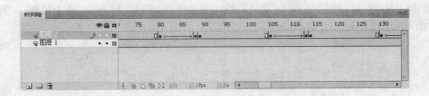

图 7-38 复制帧

（5）插入"图层 3"，在第 6 帧处插入空白关键帧，从"库"面板中拖入元件"纸条"到舞台上，如图 7-39 所示。

（6）在"图层 3"的第 13 帧、第 23 帧、第 50 帧、第 57 帧处插入关键帧，分别将第 6 帧、第 57 帧中元件"纸条"的 Alpha 值设置为 0，将第 23 帧、第 50 帧中元件"纸条"的 Alpha 值设置为 80%，并在第 6 帧和第 13 帧、第 50 帧和第 57 帧之间创建补间动画，如图 7-40 所示。

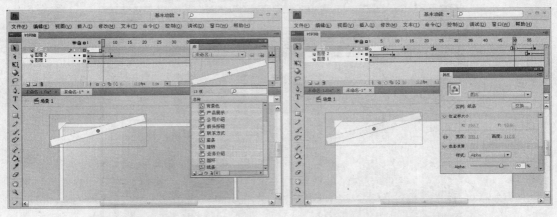

图 7-39 拖入元件   图 7-40 创建补间动画

（7）选择"图层 3"的第 23 帧，从"库"面板中拖入元件"旋转"到舞台上，如图 7-41 所示。

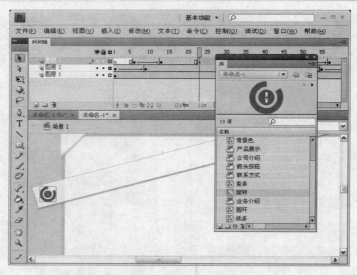

图 7-41　拖入元件

（8）复制"图层 3"的第 6 帧到第 23 帧，分别粘贴到第 75 帧、第 100 帧、第 125 帧处，并删除第 138 帧以后的帧，如图 7-42 所示。

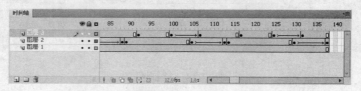

图 7-42　复制帧

（9）新建"图层 4"，在第 6 帧处插入关键帧，利用"文本工具" T 在舞台中输入字体为"微软简粗黑"、字号为 19、颜色为白色的文本"吸力王吸尘器有限公司"，如图 7-43 所示。

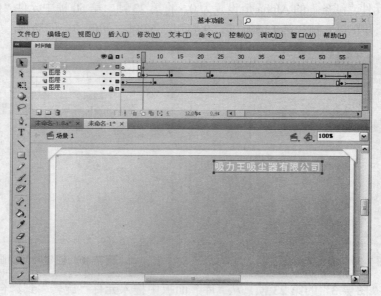

图 7-43　输入文本

（10）选中输入的文本，按 F8 将其转换成名称为"公司名字"的影片剪辑，在"图层 4"的第 13 帧、第 50 帧、第 57 帧处插入关键帧，分别将第 6 帧、第 57 帧中元件的 Alpha 值设置为 80%，将第 13 帧、第 50 帧中元件的 Alpha 值设置为 0，并在第 6 帧和第 13 帧、第 50 帧和第 57 帧之间创建补间动画，如图 7-44 所示。

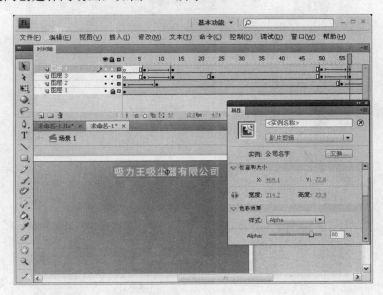

图 7-44　创建补间动画

（11）复制"图层 4"的第 50 帧到第 57 帧，分别粘贴到第 75 帧、第 100 帧、第 125 帧中，并删除第 138 帧以后的帧，如图 7-45 所示。

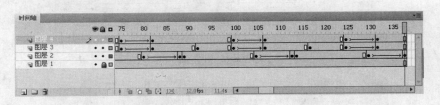

图 7-45　复制帧

（12）新建"图层 5"，在第 21 帧处插入空白关键帧，从"库"面板中拖入元件"竖条"到舞台上，并设置其 Alpha 值为 40%，如图 7-46 所示。

（13）在"图层 5"的第 42 帧与第 64 帧处插入关键帧，在第 43 帧与第 68 帧处插入空白关键帧，如图 7-47 所示。

（14）复制"图层 5"的第 64 帧到第 68 帧，分别粘贴到第 89 帧、第 114 帧中，如图 7-48 所示。

（15）新建"图层 6"，在第 22 帧处插入空白关键帧，从"库"面板中拖入元件"竖条"到舞台上，并设置其 Alpha 值为 30%，如图 7-49 所示。

（16）在"图层 6"第 41 帧与第 64 帧处插入关键帧，在第 42 帧与第 67 帧处插入空白关键帧，复制"图层 6"的第 64 帧到第 67 帧，分别粘贴到第 89 帧、第 114 帧中，如图 7-50 所示。

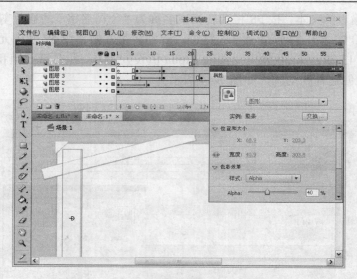

图 7-46　拖入元件

图 7-47　插入关键帧与空白关键帧

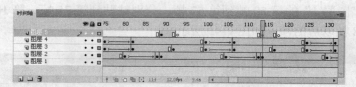

图 7-48　复制帧

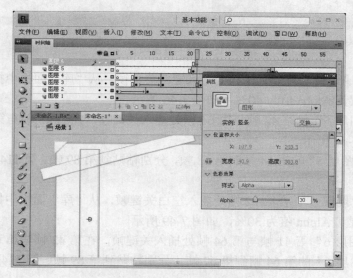

图 7-49　在"图层 6"拖入元件

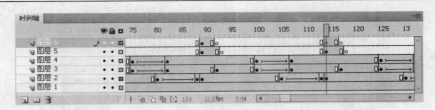

图 7-50　复制帧

（17）新建"图层 7"，在第 23 帧处插入空白关键帧，从"库"面板中拖入元件"竖条"到舞台上，并设置其 Alpha 值为 20%，如图 7-51 所示。

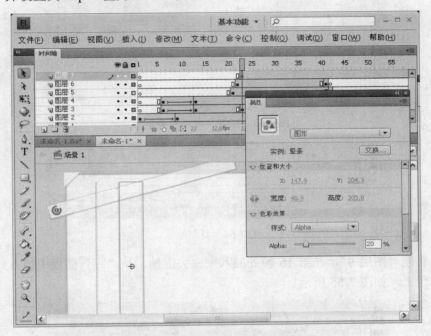

图 7-51　拖入元件

（18）在"图层 7"第 40 帧与第 64 帧处插入关键帧，在第 41 帧与第 66 帧处插入空白关键帧，复制"图层 7"的第 64 帧到第 66 帧，分别粘贴到第 89 帧、第 114 帧中，如图 7-52 所示。

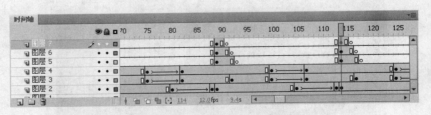

图 7-52　复制并粘贴帧

（19）新建"图层 8"，在第 24 帧处插入空白关键帧，从"库"面板中拖入元件"竖条"到舞台上，并设置其 Alpha 值为 10%，如图 7-53 所示。

（20）在"图层 8"第 39 帧与第 64 帧处插入关键帧，在第 40 帧与第 65 帧处插入空白关键帧，复制图层 8 的第 64 帧到第 65 帧，分别粘贴到第 89 帧、第 114 帧中，如图 7-54 所示。

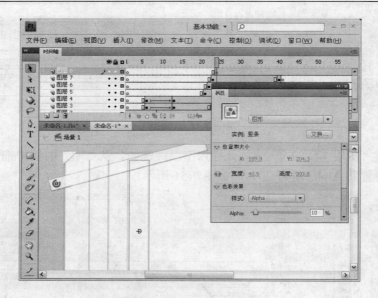

图 7-53　拖入元件"竖条"

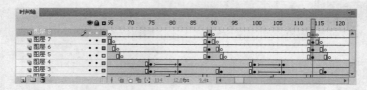

图 7-54　复制帧

（21）新建"图层 9"，在第 16 帧处插入空白关键帧，从"库"面板中拖入元件"联系方式"到舞台上，如图 7-55 所示。

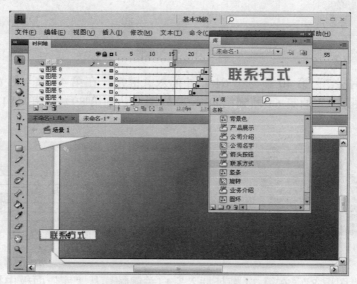

图 7-55　拖入元件"联系方式"

（22）在"图层 9"的第 18 帧、第 20 帧、第 43 帧、第 45 帧、第 47 帧、第 64 帧、第 70 帧、第 72 帧处插入关键帧，在第 49 帧、第 74 帧处插入空白关键帧，如图 7-56 所示。

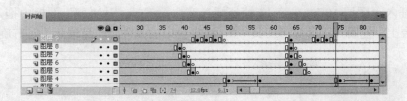

图 7-56　插入关键帧与空白关键帧

（23）分别设置第 16 帧、第 47 帧、第 72 帧中内容的 Alpha 值为 30％，第 18 帧、第 45 帧、第 70 帧中内容的 Alpha 值为 50％，第 20 帧、第 43 帧、第 64 帧中内容的 Alpha 值为 80％，如图 7-57 所示。

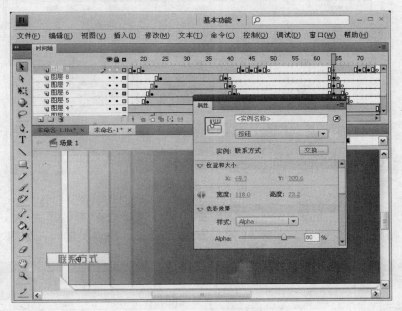

图 7-57　设置 Alpha 值

（24）复制"图层 9"的第 64 帧到第 74 帧，分别粘贴到图层 9 的第 89 帧、第 114 帧中，如图 7-58 所示。

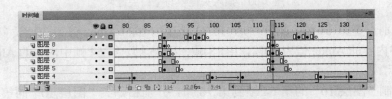

图 7-58　复制帧

（25）选择"图层 9"第 20 帧处的元件"联系方式"，在"动作"面板中输入如下代码：

```
on (press) {
    gotoAndPlay(114);
}
```

（26）插入"图层 10"，在第 14 帧处插入空白关键帧，从"库"面板中拖入元件"产品展示"到舞台上，使用"任意变形工具" 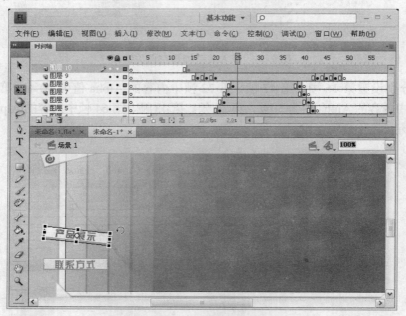 将舞台中的元件"产品展示"向右旋转一定角度，如图 7-59 所示。

图 7-59　旋转元件

（27）在"图层 10"的第 16 帧、第 18 帧、第 45 帧、第 47 帧、第 49 帧、第 64 帧、第 72 帧、第 74 帧处插入关键帧，在第 51 帧、第 76 帧处插入空白关键帧，如图 7-60 所示。

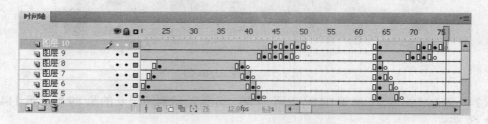

图 7-60　插入关键帧与空白关键帧

（28）分别设置第 14 帧、第 49 帧、第 74 帧中内容的 Alpha 值为 30%，第 16 帧、第 47 帧、第 72 帧中内容的 Alpha 值为 50%，第 18 帧、第 45 帧、第 64 帧中内容的 Alpha 值为 80%，如图 7-61 所示。

（29）复制"图层 10"的第 64 帧到第 76 帧，分别粘贴到"图层 10"的第 89 帧、第 114 帧中，如图 7-62 所示。

（30）选择"图层 10"第 18 帧处的元件"产品展示"，在"动作"面板中输入如下代码：

```
on (press) {

    gotoAndPlay(89);

}
```

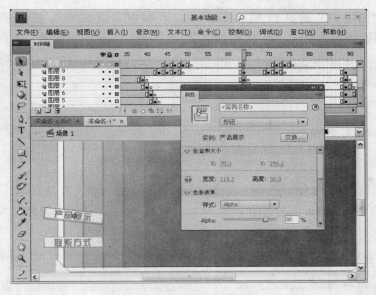

图 7-61 设置 Alpha 值

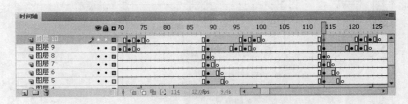

图 7-62 复制帧

（31）插入"图层 11"，在第 15 帧处插入空白关键帧，从"库"面板中拖入元件"业务介绍"到舞台上，如图 7-63 所示。

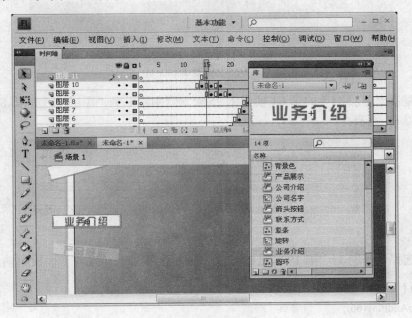

图 7-63 拖入元件

（32）在"图层 11"的第 17 帧、第 19 帧、第 44 帧、第 46 帧、第 48 帧、第 64 帧、第 71 帧、第 73 帧处插入关键帧，在第 50 帧、第 75 帧处插入空白关键帧，如图 7-64 所示。

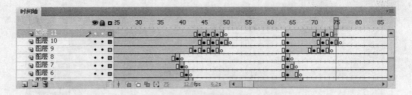

图 7-64　插入关键帧与空白关键帧

（33）分别设置第 15 帧、第 48 帧、第 73 帧中内容的 Alpha 值为 30%，第 17 帧、第 46 帧、第 71 帧中内容的 Alpha 值为 50%，第 19 帧、第 44 帧、第 64 帧中内容的 Alpha 值为 80%，如图 7-65 所示。

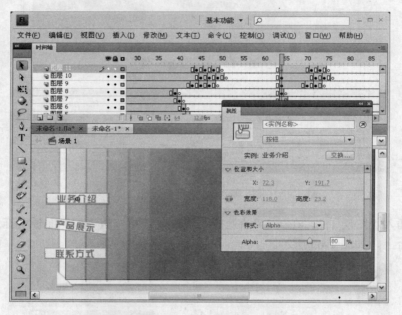

图 7-65　设置 Alpha 值

（34）复制"图层 11"的第 64 帧到第 75 帧，分别粘贴到"图层 11"的第 89 帧、第 114 帧中，如图 7-66 所示。

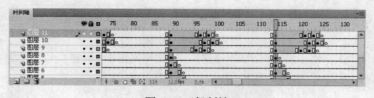

图 7-66　复制帧

（35）选择"图层 11"第 19 帧处的元件"业务介绍"，在"动作"面板中输入如下代码：

```
on (press) {
    gotoAndPlay(66);
}
```

（36）插入"图层 12"，在第 13 帧处插入空白关键帧，从"库"面板中拖入元件"公司介绍"到舞台上，使用"任意变形工具" 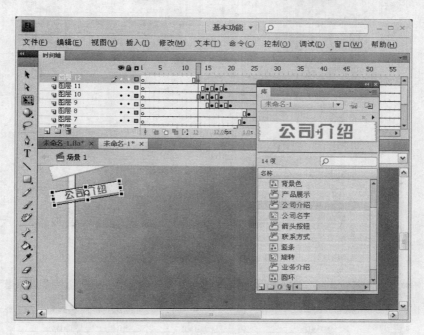 将舞台中的元件"公司介绍"向左旋转一定角度，如图 7-67 所示。

图 7-67　旋转元件

（37）在"图层 12"的第 15 帧、第 17 帧、第 46 帧、第 48 帧、第 50 帧、第 64 帧、第 73 帧、第 75 帧处插入关键帧，在第 52 帧、第 77 帧处插入空白关键帧，如图 7-68 所示。

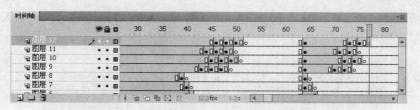

图 7-68　插入关键帧与空白关键帧

（38）分别设置第 13 帧、第 50 帧、第 75 帧中内容的 Alpha 值为 30%，第 15 帧、第 48 帧、第 73 帧中内容的 Alpha 值为 50%，第 17 帧、第 46 帧、第 64 帧中内容的 Alpha 值为 80%，如图 7-69 所示。

（39）复制"图层 12"的第 64 帧到第 77 帧，分别粘贴到"图层 12"的第 89 帧、第 114 帧中，如图 7-70 所示。

（40）选择"图层 12"第 17 帧处的元件"公司介绍"，在"动作"面板中输入如下代码：

```
on (press) {
    gotoAndPlay(36);
}
```

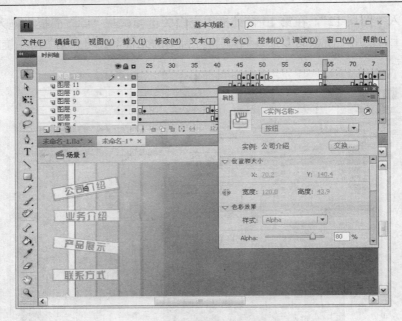

图 7-69　设置 Alpha 值

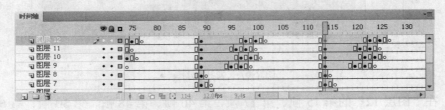

图 7-70　复制帧

（41）插入"图层 13"，在第 24 帧处插入关键帧，执行"文件→导入→导入到舞台"命令，将一幅图像导入到舞台，如图 7-71 所示。

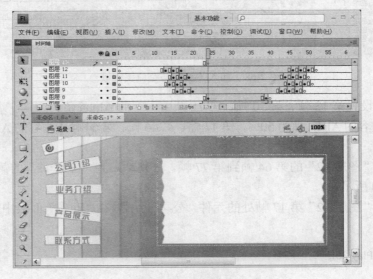

图 7-71　导入图像

（42）插入"图层 14"，在第 24 帧处插入关键帧，从"库"面板中拖入元件"箭头按钮"到舞台上，并将其"亮度"值设置为 70％，如图 7-72 所示。

（43）选择"图层 14"第 24 帧处的元件，复制并粘贴一次，然后执行"修改→变形→水平翻转"命令，如图 7-73 所示。

图 7-72　设置亮度值

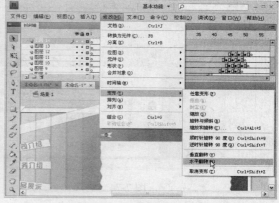

图 7-73　执行"修改→变形→水平翻转"命令

（44）在"图层 13"与"图层 14"第 39 帧处插入空白关键帧，选择"图层 14"第 24 帧处的左边箭头按钮，在"动作"面板中输入如下代码：

```
on(press){
    if(word._x<=271){
        word._x=word._x+20
    }
}
```

（45）选择"图层 14"第 24 帧处的右边箭头按钮，在"动作"面板中输入如下代码：

```
on(press){
    if(word._x>=0){
        word._x=word._x-20
    }
}
```

（46）插入"图层 15"，在第 24 帧处插入关键帧，利用"文本工具"**T**在舞台上输入公司介绍的内容，如图 7-74 所示。

（47）选择输入的文本，按 F8 键将其转换成名称为"word"的影片剪辑，然后在属性面板中设置文本的实例名为"word"，如图 7-75 所示。

（48）插入"图层 16"，在第 24 帧处插入关键帧，选择"矩形工具"▢，在舞台中绘制一个填充色为任意颜色的矩形，如图 7-76 所示。

（49）在"图层 15"与"图层 16"的第 39 帧处插入空白关键帧，然后设置"图层 16"为"遮罩层"，如图 7-77 所示。

（50）插入"图层 17"，在第 35 帧、第 63 帧、第 88 帧、第 113 帧、第 138 帧处插入关键帧，如图 7-78 所示。

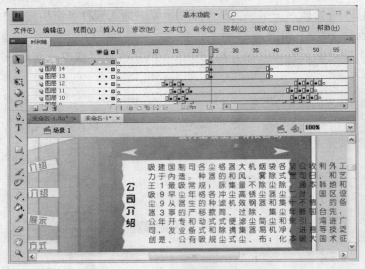

图 7-74　输入文字　　　　　　　　　　　　　图 7-75　设置实例名

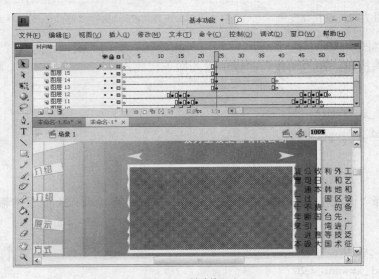

图 7-76　绘制矩形

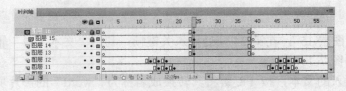

图 7-77　设置遮罩层

图 7-78　插入关键帧

（51）选择"图层 17"的第 35 帧，在"动作"面板中输入代码："stop();"，选择第 63 帧，在"动作"面板中输入如下代码：

stop();
loadMovieNum("introduce.swf", 1);

（52）选择"图层 17"的第 88 帧，在"动作"面板中输入如下代码：

stop();
loadMovieNum("proprietor.swf", 1);

（53）选择"图层 17"的第 113 帧，在"动作"面板中输入如下代码：

stop();
loadMovieNum("show.swf", 1);

（54）选择"图层 17"的第 138 帧，在"动作"面板中输入如下代码：

stop();
loadMovieNum("relation.swf", 1);

（55）执行"文件→保存"命令，打开"另存为"对话框，在"文件名"文本框中输入"introduce.fla"，如图 7-79 所示。完成后单击"保存"按钮。

图 7-79　保存文档

编辑 proprietor.fla 文档

（1）在 Windows 资源管理器里复制保存好的文档"introduce.fla"，粘贴到同一文件夹中，并重命名为"proprietor.fla"，如图 7-80 所示。然后打开"proprietor.fla"文件。

（2）双击"库"面板中的元件"背景色"进入元件编辑区，在"颜色"面板中，调整填充色为浅绿色（#00CC00）（Alpha 值为 20%）、浅绿色（#00CC00）、绿色（#009900）、深绿色（#006600）的线性渐变，如图 7-81 所示。

（3）返回场景 1，删除"图层 14"与"图层 16"，删除"图层 13"第 24 帧中的内容，重新导入一幅图像，如图 7-82 所示。

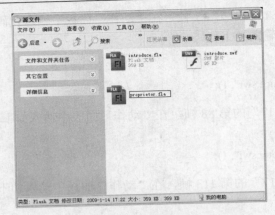

图 7-80　复制并重命名文档

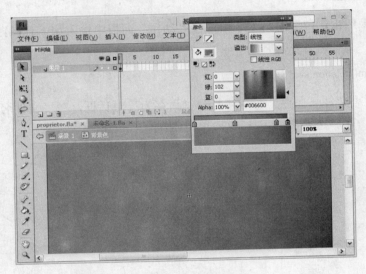

图 7-81　设置渐变颜色

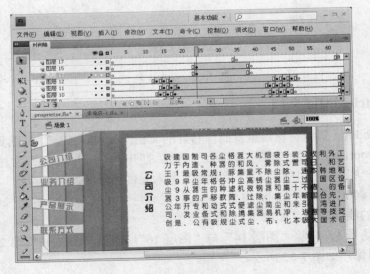

图 7-82　导入图像

（4）选择"图层 15"第 24 帧中的内容，将其更改为公司业务介绍的内容，如图 7-83 所示。完成后保存文档即可。

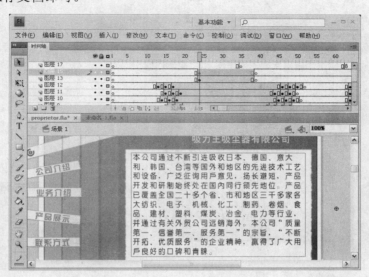

图 7-83　更改文本内容

编辑 show.fla 文档

（1）在 Windows 资源管理器中复制保存好的文档"introduce.fla"，粘贴到同一文件夹中，并重命名为"show.fla"，如图 7-84 所示。然后打开"show.fla"文档。

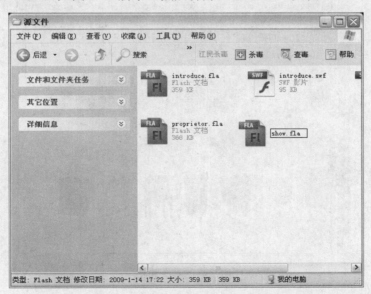

图 7-84　复制并重命名文档

（2）双击"库"面板中的元件"背景色"进入元件编辑区，在"颜色"面板中，调整填充色为红色（#FF9900）（Alpha 值为 30%）、红色（#FF9900）、红色（#FF0000）、深红色（#CC0000）的线性渐变，如图 7-85 所示。

（3）执行"插入→新建元件"命令，弹出"创建新元件"对话框，在"名称"文本框中输入"产品"，在"类型"下拉列表中选择"影片剪辑"选项，如图 7-86 所示。完成后单击"确定"按钮。

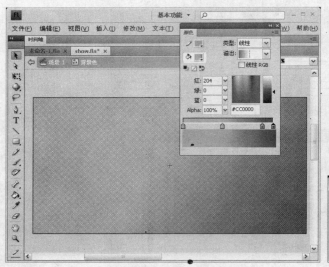

图 7-85　设置渐变颜色　　　　　　　　　图 7-86　"创建新元件"对话框

　　（4）执行"文件→导入→导入到舞台"命令，将 8 幅产品图像导入到工作区中，如图 7-87 所示。

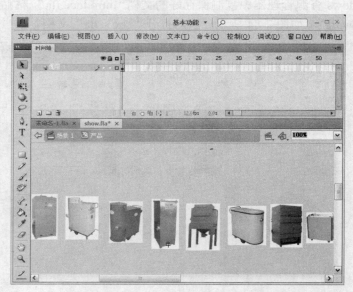

图 7-87　导入图像

　　（5）选择"图层 1"的第 1 帧，按 Ctrl+C 组合键复制，再按 Ctrl+V 组合键粘贴，如图 7-88 所示。
　　（6）在"库"面板中双击元件"word"，进入该元件编辑区，删除文本内容。然后从"库"面板中拖入元件"产品"到工作区中，如图 7-89 所示。

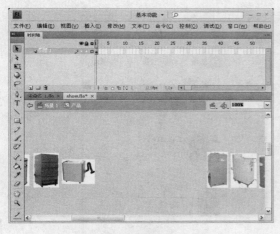 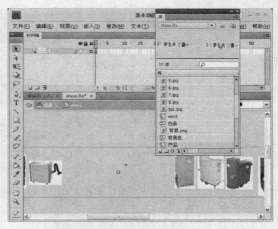

图 7-88　复制粘贴内容　　　　　　　　　图 7-89　拖入元件

（7）单击选择工作区中的元件"产品"，在"动作"面板中输入如下代码：

```
onClipEvent (enterFrame){
    if(this._x<=-1279.5){
        this._x=-600
    }
    this._x=this._x-3
}
```

（8）插入"图层 2"，选择"矩形工具" <img>，在工作区中绘制一个填充色为随意颜色的矩形，如图 7-90 所示。

（9）将"图层 2"设置为遮罩层，返回场景 1，删除"图层 14"与"图层 16"，删除"图层 13"第 24 帧中的内容，重新导入一幅图像，如图 7-91 所示。完成后保存文档即可。

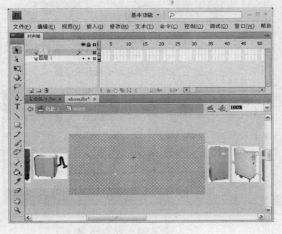 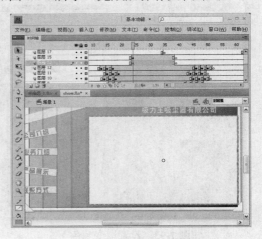

图 7-90　绘制矩形　　　　　　　　　　图 7-91　导入图像

编辑 relation.fla 文档

（1）在 Windows 资源管理器中复制保存好的文档"introduce.fla"，粘贴到同一文件夹中，并重命名为"relation.fla"，如图 7-92 所示。然后打开"relation.fla"文档。

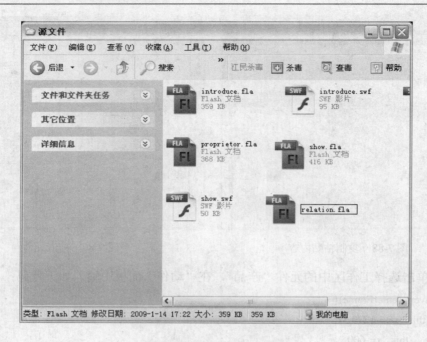

图 7-92　复制并重命名文档

（2）双击"库"面板中的元件"背景色"进入元件编辑区，在"颜色"面板中，调整填充色为浅紫色（#9933FF）（Alpha 值为 20%）、浅紫色（#9933FF）、紫色（#9900CC）、深紫色（#990099）的线性渐变，如图 7-93 所示。

（3）返回场景 1，删除"图层 14"与"图层 16"，删除"图层 13"第 24 帧中的内容，重新导入一幅图像，如图 7-94 所示。

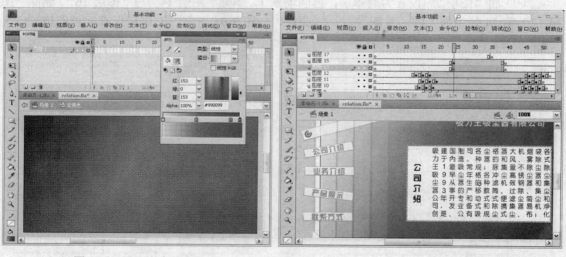

图 7-93　设置渐变颜色　　　　　　　　　　　　　图 7-94　导入图像

（4）选择"图层 15"第 24 帧中的内容，将其更改为公司联系方式的内容，如图 7-95 所示。完成后保存文档即可。

（5）按 Ctrl+Enter 组合键测试动画，即可看到制作的公司网站效果，如图 7-96 所示。

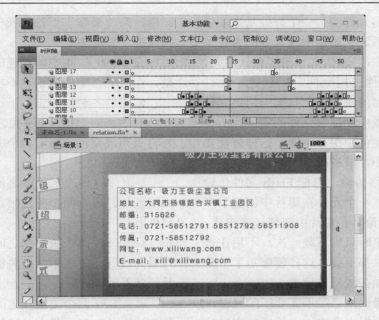

图 7-95 更改文本内容

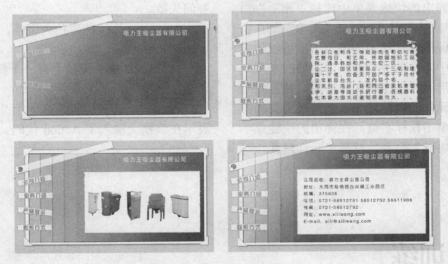

图 7-96 测试动画

知识点总结

本例主要运用了元件、调整元件的样式等方面。利用元件进行动画制作主要有以下优点：

● 可以简化动画的制作过程。在动画的制作过程中，将频繁使用的设计元素做成元件，在多次使用的时候就不必每次都重新编辑该对象。使用元件的另一个好处是当库中的元件被修改后，在场景中该元件的所有实例就会随之发生改变，大大节省了设计时间。

● 减小文件占用空间。当创建了元件后，在以后作品的制作中，只需引用该元件即可。即在场景中创建该元件的实例，所有的元件只需在文件中保存一次，这样可使文件体积大大减小，节省磁盘空间。

● 方便网络传输。当把 Flash 文件传输到网上时，虽然一个元件在影片中创建了多个实例，但是无论其在影片中出现过多少次，该实例在被浏览时只需下载一次，不用在每次遇到该实例时都下载，这样便缩短了下载时间，加快动画在线播放速度。

对于创建错误或已经不需要了的元件，可以在"库"面板中选中该文件后单击鼠标右键，在弹出的快捷菜单中选择"删除"命令，或单击"库"面板下边的"删除"按钮 🗑 。

在 Flash 影片动画的编辑中，可以随时将元件库中元件的类型转换为需要的类型。例如将图形元件转换成影片剪辑，使之具有影片剪辑元件的属性。在需要转换类型的图形元件上单击鼠标右键，在弹出的快捷菜单中选择"属性"命令，打开"元件属性"对话框，在"类型"下拉列表中即可为元件选择新的元件类型。

在 Flash CS4 中，创建的不同的动画类型，在时间轴中的标识也不相同。

常见的各种帧标识如下：

　：两个关键帧之间有黑色箭头且背景为浅蓝色，表示两个关键帧之间创建了动画补间。

　：两个关键帧之间有虚线且背景为浅蓝色，表示两个关键帧之间创建动画补间失败。

　：两个关键帧之间有黑色箭头且背景为浅绿色，表示两个关键帧之间创建的是形状补间动画。

　：两个关键帧之间是虚线且其背景为浅绿色，表示两个关键帧之间创建形状补间失败。

　：连续的黑色关键帧，表示这是逐帧动画。

　：在关键帧上有一个红色小旗，表示在该帧上设置了帧标签。

　：在关键帧上有一个"α"符号，表示在该帧上输入了 Action 代码。

拓展训练

为了更加明确地了解新旧版本的不同，体现新版本带来的便捷，下面使用 Flash CS3 制作一个关于公司介绍的滚动动画，如图 7-97 所示。

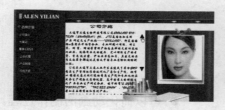

图 7-97　动画效果

关键步骤提示：

（1）运行 Flash CS3，新建一个 Flash 空白文档，"尺寸"为 894 像素（宽）×423 像素（高），其他设置保持默认。

（2）创建按钮元件"btn-triangle"，使用绘图工具，在舞台中绘制三角形，如图 7-98 所示。

（3）创建影片剪辑"mov-text"，在舞台中输入需要滚动显示的文本，如图 7-99 所示。

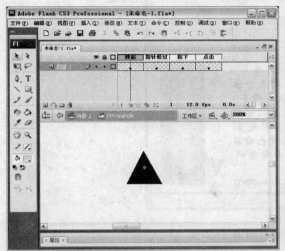

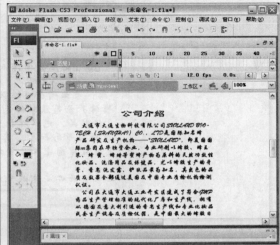

图 7-98　绘制三角形　　　　　　　　　　　　　　图 7-99　输入文本

（4）回到场景 1，导入一幅背景图像到舞台中。

（5）新建图层，拖动元件"mov-text"到舞台上，并设置实例名为"w"，再为其设置一个遮罩层，如图 7-100 所示。

图 7-100　设置遮罩层

（6）新建一个图层，拖动按钮元件"btn- triangle"到舞台两次，并选择其中一个按钮元件，使用"任意变形工具"将其向右旋转 180°，使其成为向下的按钮，如图 7-101 所示。

图 7-101　旋转按钮

（7）选择向上按钮，在"动作"面板中添加如下代码：

```
on(press){
    if(w._y>=-90){
        w._y=w._y-20
    }
}
```

（8）选择向下按钮，在"动作"面板中添加如下代码：

```
on(press){
    if(w._y>=-90){
        w._y=w._y-20
    }
}
```

（9 执行"文件→保存"命令，将文件保存，然后按 **Ctrl+Enter** 组合键测试动画即可。

职业快餐

在实际项目运作中，创建一个 Flash 网站需注意以下事项。

（1）记住用户的目标

用户往往带着目的访问一个站点，每个

链接，每次点击都要合乎他们的经验并且引导他们通向目标。当传输页面时，应该让关键的导航链接首先装载，以方便用户转到网站其他的区域。

（2）记住网站的目的

网站设计应该反映商业或者客户的需求，有效地传播主要信息与促进品牌。然而网站的目标最好通过尊重用户的习惯来达到，所以站点结构必须满足用户的需要，能够快速地将用户引导至其目标。

（3）避免没有必要的介绍

虽然介绍的动画非常精彩，但是它们往往延误了用户访问正在寻找的信息时间。应该经常提供给用户一个忽略介绍的命令或者访问主页的选择，当他们第二次访问主页时，对所有的用户都应该忽略简介动画，然后在目标页面提供返回到动画页面的选择。

（4）提供合乎逻辑的导航与交互

● 保证用户的导航。显示用户访问过的上一个地址和他即将访问的下一个地址. 通过链接的不同颜色在用户访问后提醒他们访问过的页面。

● 提供用户一个轻松跳出他们正在访问的部分而且能回到出发点的链接。

● 明确说明每个链接的位置。保证链接的结构和命名法的可视性，而不是隐藏它们直到用户触发了某个事件（比如鼠标移近）。

● 确保按钮定义了足够好的反应区域。

● 利用 Flash 流的特性首先装载主要的导航元素。

● 确保导航的后退按钮。为了做到这一点，可以使用浏览器内置的前进和后退导航系统，将 Flash 影片逻辑地分成几块并置于独立的 HTML 页面中，作做为一种选择，为影片建立一个基于 Flash 的后退按钮以便用户可以利用它后退到一个包含上一个访问页面的场景或帧。

（5）设计的连贯性

提高站点性能的最好方法是用户界面的一致性。元素结构的再使用、元素的设计以及命名的习惯将使用户在导向他们的目标时对站点传达的信息的注意力更加丰富，而且这也有利于站点的维护。可以在整个站点中使用小影片来重复使用交互元素，还可以让最初导航系统的文字和图片在目标页面中重新使用。

（6）不要过度使用动画

避免不必要的动画。最好的动画应该是可以增加站点的设计目标的动画，在导航的时候讲述一个故事或者有帮助的事情。在包含大量文字的页面使用重复的动画将使视线从消息转移。

（7）慎重使用声音

声音可以为站点锦上添花，但是绝对不是必要的。例如，使用声音来说明用户刚刚触发了一个时间。确保使用了声音的开关与音量调节方法，并且要记住声音会显著的增加文件的大小，当确实使用了声音的时候，Flash 会将声音转换为 MP3 文件甚至流媒体。

8．面向低带宽的用户

越少的下载越好。初始的下载页面大小不能超过 40KB，包括所有 Flash 文件、图像和 HTML 文件。为了减少下载时间，使用矢量图形（除非图像使压缩过的 BMP，那样最好仍保持为 BMP 格式），并且只有在用户确信要用到某个文件时才使用 LoadMovie 动作。如果用户必须等待，则提供一个装载的时间序列与进度条，只要可能，必须在前 5 秒内装载导航系统。